KB083264

열려라 심화

초등수학

3-1

□+○=921

가장 확실한
초등 심화 입문서

열려라

심화

초등수학

류승재 지음

$\frac{1}{2}$

$\frac{7}{10} = 0.7$

블루무스에듀
bluemoose edu

3-1
학년

누구나 심화 잘할 수 있습니다!
교재를 잘 만난다면 말이죠

이 책은 새로운 개념의 심화 입문교재입니다. 교과서와 개념·응용교재에서 배운 개념을 재확인하는 것부터 시작하는 이 책을 다 풀면 교과서부터 심화까지 한 학기 분량을 총정리하는 효과가 있습니다.

개념·응용교재에서 심화로의 연착륙을 돕도록 구성

시간과 노력을 들여 풀 만한 좋은 문제들로만 구성했습니다. 응용에서 심화로의 연착륙이 수월하도록 난도를 조절하는 한편, 중등 과정과의 연계성 측면에서 의미 있는 문제들만 엄선했습니다. 선행개념은 지금 단계에서 의미 있는 것들만 포함시켰습니다. 애초에 심화의 목적은 어려운 문제를 오랫동안 생각하며 푸는 것이기에 너무 많은 문제를 풀 필요가 없습니다. 또한 응용교재에 비해 지나치게 어려워진 심화교재에 도전하다 포기하거나, 도전하기도 전에 어마어마한 양에 겁부터 집어먹는 수많은 학생들을 봐 왔기에 내용과 양 그리고 난이도를 조절했습니다.

단계별 힌트를 제공하는 답지

이 책의 가장 중요한 특징은 정답과 풀이입니다. 전체 풀이를 보기 전, 최대 3단계까지 힌트를 먼저 주는 방식으로 구성했습니다. 약간의 힌트만으로 문제를 해결함으로써 가급적 스스로 문제를 푸는 경험을 제공하기 위함입니다.

이런 학생들에게 추천합니다

이 책은 응용교재까지 소화한 학생이 처음 하는 심화를 부담없이 진행하도록 구성한 책입니다. 즉 기본적으로 응용교재까지 소화한 학생이 대상입니다. 하지만 개념교재까지 소화한 후, 응용을 생략하고 심화에 도전하고 싶은 학생에게도 추천합니다. 일주일에 2시간씩 투자하면 한 학기 내에 한 권을 정복할 수 있기 때문입니다.

심화를 해야 하는데 시간이 부족한 학생에게도 추천합니다. 이런 경우 원래는 방대한 심화교재에서 문제를 골라서 풀어야 했는데, 그 대신 이 책을 쓰면 됩니다.

이 책을 사용해 수학 심화의 문을 열면, 수학적 사고력이 생기고 수학에 대한 자신감이 생깁니다. 심화라는 문을 열지 못해 자신이 가진 잠재력을 펼치지 못하는 학생들이 없기를 바라는 마음에 이 책을 썼습니다. 《열려라 심화》로 공부하는 모든 학생들이 수학을 즐길 수 있게 되기를 바랍니다.

류승재

• 차 례 •

이 책의 구성

· 기본 개념 테스트

단순히 개념 관련 문제를 푸는 수준에서 그치지 않고, 하단에 넓은 공간을 두어 스스로 개념을 쓰고 정리하게 구성되어 있습니다.

TIP 답이 틀려도 교습자는 정답과 풀이의 답을 알려 주지 않습니다. 교과서와 개념교재를 보고 답을 쓰게 하세요.

· 단원별 심화

가장 자주 나오는 심화개념으로 구성했습니다. 예제는 분석–개요–풀이 3단으로 구성되어, 심화개념의 핵심이 무엇인지 바로 알 수 있게 했습니다.

TIP 시간은 넉넉히 주고, 답지의 단계별 힌트를 참고하여 조금씩 힌트만 주는 방식으로 도와주세요.

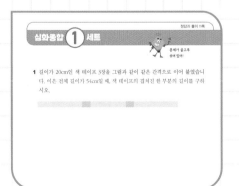

· 심화종합

단원별 심화를 푼 후, 모의고사 형식으로 구성된 심화종합 5세트를 풉니다. 앞서 배운 것들을 이리저리 섞어 종합한 문제들로, 뇌를 깨우는 '인터리빙' 방식으로 구성되어 있어요.

TIP 만약 아이가 특정 심화개념이 담긴 문제를 어려워한다면, 스스로 해당 개념이 나오는 단원을 찾아낸 후 이를 복습하게 지도하세요.

· 실력 진단 테스트

한 학기 동안 열심히 공부했으니, 이제 내 실력이 어느 정도인지 확인할 때! 테스트 결과에 따라 무엇을 어떻게 공부해야 하는지 안내해요.

TIP 처음 하는 심화는 원래 어렵습니다. 결과에 연연하기보다는 책을 모두 푼 아이를 칭찬하고 격려해 주세요.

· 단계별 힌트 방식의 답지

처음부터 끝까지 풀이 과정만 적힌 일반적인 답지가 아니라, 문제를 풀 때 필요한 힌트와 개념을 단계별로 제시합니다.

TIP 1단계부터 차례대로 힌트를 주되, 힌트를 원한다고 무조건 주지 않습니다. 단계별로 1번씩은 다시 생각하라고 돌려보냅니다.

이 순서대로 공부하세요

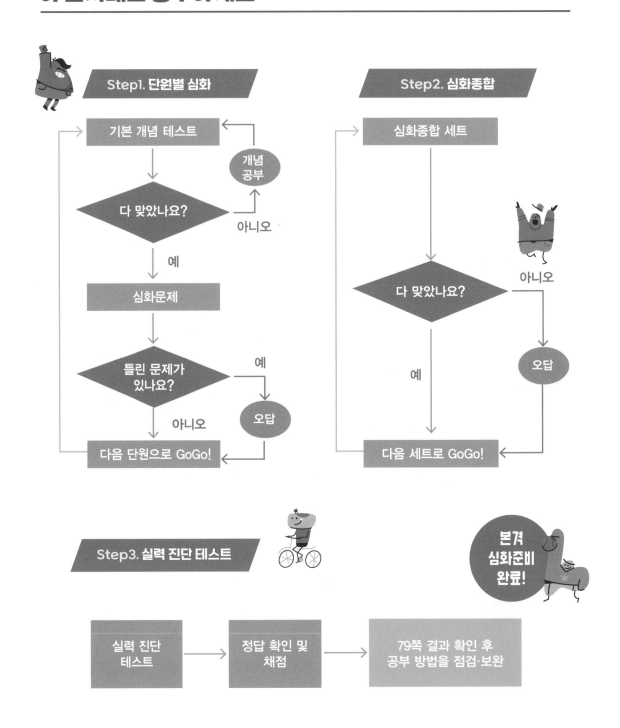

Step1. 단원별 심화

기본 개념 테스트

다 맞았나요?

→ 아니오 → 개념 공부

예

심화문제

틀린 문제가 있나요? → 예 → 오답

아니오

다음 단원으로 GoGo!

Step2. 심화종합

심화종합 세트

다 맞았나요? → 아니오 → 오답

예

다음 세트로 GoGo!

본격 심화준비 완료!

Step3. 실력 진단 테스트

실력 진단 테스트 → 정답 확인 및 채점 → 79쪽 결과 확인 후 공부 방법을 점검·보완

단원별 심화

① 덧셈과 뺄셈

① 579 + 648을 어떻게 계산하는지 다음 물음에 답하시오.

1) 백의 자리, 십의 자리, 일의 자리를 따로 계산하고 그 결과를 더하세요.

2) 세로셈으로 계산하고 방법을 설명하세요.

2 412−187을 어떻게 계산하는지 다음 물음에 답하시오.

1) 수 모형으로 계산하는 방법을 설명하세요.

2) 세로셈으로 계산하는 방법을 설명하세요.

가 | 등식의 성질

등호의 왼쪽과
오른쪽은 값이 같아!

등식의 양변에 같은 수를 더하거나 빼거나 곱하거나 0이 아닌 수로 나누어도 등식은 성립합니다.

□=△일 때, □+○=△+○, □−○=△−○, □×○=△×○, □÷○=△÷○
(단, ○≠0)

예제

어떤 수에 3을 곱한 후 300을 빼면, 어떤 수에 100을 더한 것과 같아집니다. 어떤 수를 구하시오.

분석

1 어떤 수를 구하는 문제입니다.

2 더하기, 빼기, 곱하기가 들어간 문제입니다.

3 어떤 수를 구하려면 어떤 수를 □라고 놓고 식을 세워야 합니다.

4 다음과 같은 곱셈의 원리를 이용해 봅니다.

5×4=5+5+5+5, □×3=□+□+□

개요

(어떤 수)×3−300은 (어떤 수)+100과 같음.

즉 (어떤 수)×3−300=(어떤 수)+100

풀이

어떤 수를 □라고 하면 다음 식이 성립합니다.

□×3−300=□+100

양변에 300을 더하면 □×3−300+300=□+100+300이므로

□×3=□+400입니다.

곱셈의 원리를 이용하면 □+□+□=□+200+200

→ □+□=200+200

따라서 □=200입니다.

가 1 어떤 수에 2를 곱한 후 200을 빼면, 어떤 수에 100을 더한 것과 같아집니다. 어떤 수를 구하시오.

가 2 어떤 수에 4를 곱한 후 300을 빼면, 어떤 수에 2를 곱한 후 100을 더한 것과 같아집니다. 어떤 수를 구하시오.

이제부터 심화 시작!

겹치는 종이 띠

테이프를 직접
잘라서 겹쳐 봐!

(겹치는 부분의 개수)=(전체 종이 띠의 개수)−1

(전체 길이)=(종이 띠 1장의 길이)×(종이 띠의 개수)−(겹치는 부분의 길이)×(겹치는 부분의 개수)

예) 길이가 4인 종이 띠(1 1 1 1)를 1씩 겹친다면

두 장을 겹치는 경우: 1 1 1 1 1 1 1   7=4×2−1×1

세 장을 겹치는 경우: 1 1 1 1 1 1 1 1 1 1   10=4×3−1×2

네 장을 겹치는 경우: 1 1 1 1 1 1 1 1 1 1 1 1 1   13=4×4−1×3

예제

길이가 200cm인 종이 띠 3장을 그림과 같이 같은 간격으로 이어 붙였습니다.
전체 길이가 500cm일 때, 겹쳐진 한 부분의 길이는 얼마입니까?

분석

1 겹쳐진 부분의 길이를 구하는 문제입니다.

2 색 테이프는 3장, 겹쳐진 부분은 2개입니다.

3 전체 길이, 한 장의 길이, 겹치는 부분의 개수를 이용해 식을 세웁니다.

개요

200cm 색 테이프 3장, 전체 길이 500cm

겹치는 부분의 길이는?

풀이

겹치는 부분의 길이를 □cm라고 놓으면 다음의 식을 세울 수 있습니다.

500=200×3−□×2

→ 500=600−□×2

500=600−100이므로 600−100=600−□×2입니다.

100=□×2이므로 □=50(cm)

나 1 길이가 300cm인 색 테이프 3장을 그림과 같이 같은 간격으로 이어 붙였습니다. 겹치는 부분의 길이가 50cm일 때, 전체 테이프의 길이는 얼마입니까?

나 2 길이가 똑같은 색 테이프 3장을 그림과 같이 같은 간격으로 이어 붙였습니다. 겹치는 부분의 길이가 10cm이고, 전체 테이프의 길이가 400cm일 때, 색 테이프 1장의 길이를 구하시오.

중요한 건,
식 세우기!

다 | 일정하게 건너뛰는 수의 성질

얼마씩 건너뛰는지
살펴보자.

수의 개수가 홀수 개일 경우, 일정하게 건너뛰는 수 □개의 합은 가운데 수의 □배와 같습니다.

- 3개 수의 합: $110+120+130=(120-10)+120+(120+10)=120+120+120=120\times3$
- 5개 수의 합: $50+60+70+80+90=(70-20)+(70-10)+70+(70+10)+(70+20)$
  $=70+70+70+70+70=70\times5$

예제

100, 101, 102와 같이 연속하는 세 수가 있습니다. 연속하는 세 수의 합이 1500일 때, 연속하는 세 수 중 가장 큰 수를 구하시오.

분석

1 연속하는 수는 1씩 커지는 수입니다.

2 $500+500+500=1500$이므로, 세 수는 500과 가까운 수임을 알 수 있습니다.

3 세 수 중 하나만 구하면 나머지 수들도 구할 수 있습니다.

4 일정하게 건너뛰는 홀수 개의 수의 성질을 이용합니다.

5 가운데 수를 □로 놓고, 위의 조건들을 가지고 식을 세워 봅니다.

개요

연속하는 세 수의 합=1500, 가장 큰 수는?

풀이

$500+500+500=1500$

수가 1씩 차이 나므로 수를 바꿔 보면

$499+500+501=1500$

연속하는 세 수는 499, 500, 501이고 가장 큰 수는 501입니다.

다른 풀이

연속하는 세 수를 □-1, □, □+1로 놓으면 다음이 성립합니다.

□-1+□+□+1=1500

□+□+□=500+500+500이므로 □=500입니다.

따라서 연속하는 세 수는 499, 500, 501입니다. 이 중 가장 큰 수는 501입니다.

다 1 10, 12, 14와 같이 2씩 건너뛰는 세 수가 있습니다. 이러한 세 수의 합이 120일 때, 가장 작은 수를 구하시오.

다 2 연속하는 수의 성질을 이용해 $1+2+3+4+5+\cdots+98+99$의 합을 구하시오.

가운데 수부터
구해야 해!

② 평면도형

아래의 기본 개념 테스트를 통과하지 못했다면,
교과서·개념교재·응용교재를 보며 이 단원을 다시 공부하세요!

1 선분, 반직선, 직선의 뜻과 특징을 서로 비교하며 설명하세요.

2 각과 직각의 뜻을 설명하세요.

3 직각삼각형의 뜻과 직각삼각형을 만드는 방법을 설명하세요.

4 직사각형의 뜻과 직사각형을 만드는 방법을 설명하세요.

5 정사각형의 뜻과 정사각형을 만드는 방법을 설명하세요.

각의 개수 구하기

여러 선분으로 이루어진 각의 개수를 구하려면, 가장 작은 각들부터 찾아 묶어 세어 봅니다.

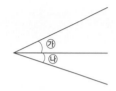

1개짜리: ㉮, ㉯ → 2개
2개짜리: ㉮+㉯ → 1개 ┤→ 각의 개수: 2+1=3(개)

예제

다음 도형에서 찾을 수 있는 각의 개수를 구하시오.

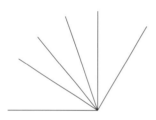

분석

1 6개의 선분으로 이루어진 도형입니다.

2 각은 2개의 선분으로 만들어집니다.

3 선분 사이의 작은 각은 5개입니다.

4 선분의 개수와 선분 사이 공간의 개수를 이용합니다.

풀이

각 1개짜리: ㉠, ㉡, ㉢, ㉣, ㉤으로 5개

각 2개짜리: ㉠+㉡, ㉡+㉢, ㉢+㉣, ㉣+㉤으로 4개

각 3개짜리: ㉠+㉡+㉢, ㉡+㉢+㉣, ㉢+㉣+㉤으로 3개

각 4개짜리: ㉠+㉡+㉢+㉣, ㉡+㉢+㉣+㉤으로 2개

각 5개짜리: ㉠+㉡+㉢+㉣+㉤으로 1개

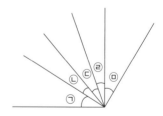

따라서 도형에서 찾을 수 있는 각의 수는 모두 5+4+3+2+1=15(개)입니다.

다음 그림에서 찾을 수 있는 각의 개수는 몇 개입니까?

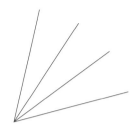

다음 그림에서 찾을 수 있는 각의 개수가 몇 개인지 구하고, 이 중 직각의 개수는 몇 개인지 구하시오. 두 수의 합은 얼마입니까?

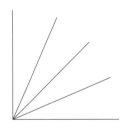

선분의 개수와
각의 개수의 관계는?

나 | 선분의 개수 구하기

선분 ㄱㄴ과
선분 ㄴㄱ은
같은 선분이겠지?

예제

다음 그림에서 6개의 점을 연결하여 만들 수 있는 선분의 개수를 구하시오.

분석

1 한 점에서 그을 수 있는 선분의 개수를 세어 보며 규칙을 찾아봅니다.

2 점 ㄱ에서는 ㄴ, ㄷ, ㄹ, ㅁ, ㅂ에 선을 그을 수 있습니다.

3 점 ㄴ에서는 이미 선이 그어진 점 ㄱ을 제외한 ㄷ, ㄹ, ㅁ, ㅂ에 선을 그을 수 있습니다.

풀이

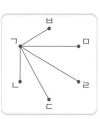 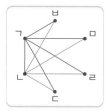 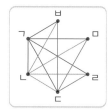

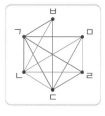 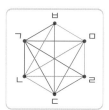

점 ㄱ에서 그을 수 있는 선분: 5개

점 ㄴ에서 그을 수 있는 선분: 4개

점 ㄷ에서 그을 수 있는 선분: 3개

점 ㄹ에서 그을 수 있는 선분: 2개

점 ㅁ에서 그을 수 있는 선분: 1개

정답과 풀이 07쪽

(전체 선분의 개수)=5+4+3+2+1=15(개)

찾을 수 있는 규칙

점의 개수	전체 선분의 개수
6개	5+4+3+2+1=15(개)
7개	6+5+4+3+2+1=21(개)
10개	9+8+7+6+5+4+3+2+1=45(개)

나 1 4개의 점 중 2개의 점을 이어 만들 수 있는 선분의 개수를 구하시오.

나 2 도형의 꼭짓점을 연결하여 추가로 그을 수 있는 선분의 개수를 구하시오.

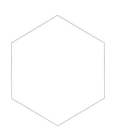

이미 그은 선분은
또 그을 수 없어!

다 정사각형과 직사각형의 개수

선을 따라
사각형을 그려 봐!

가로 선분 2개와 세로 선분 2개가 만나
직사각형이 만들어집니다.

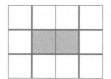 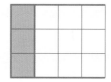

예제 한 변의 길이가 1인 정사각형 12개로 만들어진 다음의
도형에서 정사각형의 개수를 구하시오.

분석

1 직사각형의 가로와 세로를 선택하는 방법의 가짓수를 구합니다.

2 가로 선분 4개 중 2개를 선택하는 가짓수를 세어 봅니다.

3 세로 선분 5개 중 2개를 선택하는 가짓수를 세어 봅니다.

4 정사각형의 개수를 구하려면 크기별로 세어 봅니다.

풀이

한 변의 길이가 1인 정사각형은 가로에 4개, 세로에 3개 있으므로 4×3=12(개)

한 변의 길이가 2인 정사각형은 가로에 3개, 세로에 2개 있으므로 3×2=6(개)

한 변의 길이가 3인 정사각형은 가로에 2개, 세로에 1개 있으므로 2×1=2(개)

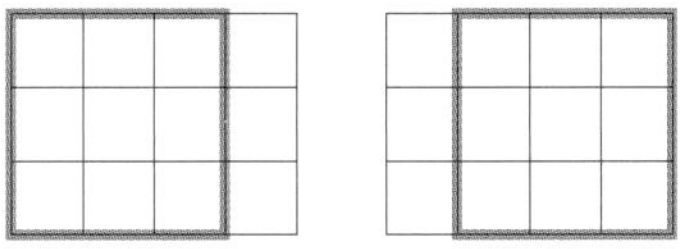

전체 정사각형의 개수: 4×3+3×2+2×1=20(개)

다 1 사각형 6개를 이어 붙인 다음 그림에서 찾을 수 있는 직사각형은 몇 개입니까?

다 2 정사각형 9개를 이어 붙인 다음의 그림에서 선을 따라 그릴 수 있는 정사각형의 개수를 구하시오.

◆ ▬ ✖ ÷
기본 개념 테스트 | 아래의 기본 개념 테스트를 통과하지 못했다면,
교과서 · 개념교재 · 응용교재를 보며 이 단원을 다시 공부하세요!

1 12÷4=3을 다양한 방법으로 설명하세요.

1) 사과를 접시에 똑같이 나누는 방법으로 그림을 그리며 설명하세요.

2) 수직선을 그려 설명하세요.

3) 뺄셈을 이용해 설명하세요.

2 12÷4=3을 2개의 곱셈식으로 만들어 보세요.

3 28÷7의 몫을 곱셈식을 이용해서 구해 보세요.

가 일정한 간격으로 깃발 꽂기

길이를 간격으로 나누면, 깃발의 개수가 나올까?

도로에 일정한 간격으로 깃발을 꽂으려면 길이를 간격으로 나누어 간격의 개수를 구합니다.

예) 길이가 6인 도로에 2 간격으로 깃발을 꽂으려 할 경우

깃발과 깃발 사이의 간격 수는 6÷2=3(개)입니다.

만약 도로 양끝에 깃발을 꽂으면 등분한 간격 수보다 하나 더 많은 깃발을 꽂습니다.

즉 6÷2+1=4(개)를 꽂습니다.

한편 도로 양끝에 깃발을 꽂지 않으면 등분한 간격 수보다 하나 적은 깃발을 꽂습니다.

즉 6÷2-1=2(개)를 꽂습니다.

도로 양끝에 깃발을 꽂는 경우: (필요한 깃발의 개수)=(도로의 길이÷간격)+1

도로 양끝에 깃발을 꽂지 않는 경우: (필요한 깃발의 개수)=(도로의 길이÷간격)-1

예제	길이가 60m인 도로 위에 2m 간격으로 깃발을 꽂으면 몇 개를 꽂을 수 있습니까? (단, 도로의 양쪽 끝에도 깃발을 꽂습니다.)

분석

1 도로 길이 60m, 간격 2m

2 60÷2=30, 그런데 깃발이 정말 30개가 필요합니까?

3 실제 그림을 그리며 생각해 봅니다.

개요

도로에 꽂기 위해 필요한 깃발의 수(양쪽 끝에도 꽂음)

풀이

길이가 60m인 길에 2m 간격으로 깃발을 꽂는다면
60÷2+1=31(개)의 깃발을 꽂을 수 있습니다.

정답과 풀이 08쪽

가 1 길이가 30m인 도로의 양쪽에 처음부터 끝까지 5m 간격으로 나무를 심습니다. 나무는 모두 몇 그루 필요합니까?

가 2 다음과 같은 한 변의 길이가 12m인 정사각형 모양의 목장에 2m 간격으로 말뚝을 심는다면 총 몇 개의 말뚝이 필요합니까?

12m

질문은
언제든 환영!

사탕을 요리조리
나누어 보자!

예제

다혜는 가지고 있는 사탕을 친구들에게 나누어 줍니다. 사탕을 4개씩 나누어 주면 20개가 남고, 6개씩 나누어 주면 2개가 남습니다. 다혜가 가지고 있는 사탕의 수를 구하시오.

분석

1 다혜가 가지고 있는 사탕의 수도 모르고 친구의 수도 모릅니다.

2 사탕의 수를 □라고 놓고 식을 세우려고 하면 잘 세워지지 않습니다.

3 친구의 수를 □라고 놓고, 사탕의 수를 표현합니다.

4 친구의 수를 구하면 사탕의 수를 구할 수 있습니다.

개요

친구들에게 사탕을 4개씩 나누어 주면 20개가 남고, 6개씩 나누어 주면 2개가 남음.
전체 사탕 수는 변하지 않음.

풀이

친구의 수를 □라고 놓고 사탕의 수를 표현하는 식을 세웁니다.

(친구의 수)=□

(사탕의 수)=4×□+20=6×□+2

4×□+20=4×□+2×□+2 (6×□=4×□+2×□이므로)

→ 20=2×□+2

→ 18+2=2×□+2 (20=18+2이므로)

→ 18=2×□

따라서 □=9(명)

따라서 (사탕의 개수)=4×□+20=4×9+20=56(개)

나 1 하늬는 가지고 있는 사탕을 친구들에게 나누어 줍니다. 사탕을 5개씩 나누어 주면 10개가 남고, 6개씩 나누어 주면 4개가 남습니다. 하늬가 가지고 있는 사탕의 개수를 구하시오.

나 2 정안이는 가지고 있는 사탕을 친구들에게 나누어 줍니다. 사탕을 4개씩 나누어 주면 20개가 남고, 6개씩 나누어 주면 2개가 모자랍니다. 정안이가 가지고 있는 사탕의 개수를 구하시오.

무엇을 □로
놓아야 할까?

다 | 톱니바퀴 문제

두 톱니바퀴의 회전수는
톱니수와 관련 있어!

맞물려 있는 두 톱니바퀴는 모든 톱니가 서로 만나므로 (회전수)×(톱니수)의 값이 서로 같습니다.

예제

그림과 같이 두 톱니바퀴가 서로 맞물려 돌아가고 있습니다. ㉠톱니바퀴가 4회전하는 동안, ㉡톱니바퀴는 몇 회전할까요?

우리 지금
같이 공부하자!

분석

1 ㉠톱니바퀴의 톱니수는 3개, ㉡톱니바퀴의 톱니수는 4개

2 두 톱니바퀴가 맞물려 돌아가면, 언젠가 서로의 톱니가 다 만나게 됩니다.

3 ㉠톱니바퀴가 4회전하는 동안 ㉡톱니바퀴와 맞물리는 톱니의 수를 세어 봅니다.

개요

맞물려 돌아가는 두 톱니바퀴, ㉠톱니바퀴가 4회전하면 ㉡은 몇 회전?

풀이

톱니가 3개인 ㉠톱니바퀴가 4회전하면, 총 12개의 톱니가 ㉡톱니바퀴와 맞물려 돌아갑니다. 그런데 ㉡톱니바퀴는 톱니가 4개이므로, 4개의 톱니바퀴가 12개만큼 만나려면 3회전해야 합니다.

맞물려 있는 두 톱니바퀴는 (회전수)×(톱니수)의 값이 서로 같으므로

(㉠톱니바퀴 회전수)×(㉠톱니바퀴 톱니수)=(㉡톱니바퀴 회전수)×(㉡톱니바퀴 톱니수)

→ 4×3=(㉡톱니바퀴 회전수)×4

→ (㉡톱니바퀴 회전수)=3

다 1 그림과 같이 두 톱니바퀴가 맞물려 돌아가고 있습니다. ⓝ톱니바퀴가 9회전하는 동안 ㉮톱니바퀴는 몇 회전할까요?

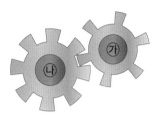

다 2 그림과 같이 세 톱니바퀴가 맞물려 돌아가고 있습니다. ㉮톱니바퀴가 3회전하는 동안 ⓝ톱니바퀴와 ⓒ톱니바퀴는 몇 회전할까요?

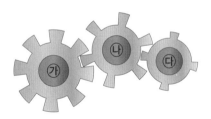

톱니의 수를
세어 보자!

④ 곱셈

➕ ➖ ✖ ➗

기본 개념 테스트

아래의 기본 개념 테스트를 통과하지 못했다면,
교과서 · 개념교재 · 응용교재를 보며 이 단원을 다시 공부하세요!

① 36×4를 어떻게 계산하는지 다음 물음에 답하시오.

1) 덧셈을 이용하는 방법을 설명하세요.

2) 십의 자리와 일의 자리를 따로 곱하고 더하는 방법을 설명하세요.

정답과 풀이 04쪽

3) 세로셈으로 계산하고 방법을 설명하세요.

회전하여 겹치는 종이 띠

비슷한 문제를
1단원에서
본 것 같은데?

종이 띠를 서로 연결해 둥글게 만들면, 종이 띠의 개수와 겹쳐진 부분의 개수가 같다는 사실을 알 수 있습니다.

예제 | 길이가 20cm인 종이 띠 10장을 3cm씩 겹쳐서 목걸이를 만들었습니다. 전체 목걸이의 길이를 구하시오.

분석

1 목걸이를 만들려면 종이 띠를 어떻게 겹쳐야 할까 생각해 봅니다.

2 종이 띠를 한 줄로 연결했을 때는 겹쳐지는 부분이 어떻게 되었을까 떠올려 봅니다.

3 종이 띠의 겹쳐지는 부분과 종이 띠의 개수의 관계를 알아냅니다.

개요

테이프 10장을 겹쳐서 목걸이를 만들었을 때, 목걸이의 길이?

풀이

(겹치는 부분의 개수)=(전체 종이 띠의 개수)

(목걸이의 길이)=(종이 띠의 전체 길이)−(겹쳐진 부분의 전체 길이)

10장을 회전하여 둥글게 이어 붙이면 겹쳐진 부분이 10군데 생깁니다.

종이 띠의 길이가 각 20cm, 겹쳐진 부분의 길이가 3cm이므로

(목걸이의 길이)=(종이 띠의 전체 길이)−(겹쳐진 부분의 길이)

=(종이 띠의 길이)×(종이 띠의 개수)−(겹쳐진 길이)×(겹쳐진 개수)

=20×10−3×10=170(cm)

가 1 길이가 10cm인 종이 띠 5장을 겹쳐서 목걸이를 만들었더니 목걸이의 길이가 30cm가 되었습니다. 겹쳐진 부분의 길이를 구하시오.

가 2 길이가 10cm인 종이 띠를 3cm씩 겹쳐서 목걸이를 만들었더니 목걸이의 길이가 140cm가 되었습니다. 목걸이를 만드는 데 쓰인 종이 띠는 몇 장인지 구하시오.

식을 세워 보자!

⑤ 길이와 시간

＋ － ✖ ÷
기본 개념 테스트

아래의 기본 개념 테스트를 통과하지 못했다면,
교과서·개념교재·응용교재를 보며 이 단원을 다시 공부하세요!

① cm보다 작은 단위를 찾고, cm와의 관계를 설명하세요.

② m보다 큰 단위를 찾고, m와의 관계를 설명하세요.

③ 분보다 작은 단위를 찾고, 분과의 관계를 설명하세요.

정답과 풀이 04쪽

4 분보다 큰 단위를 찾고, 분과의 관계를 설명하세요.

5 시간의 덧셈을 예를 들어 설명하세요. (시간, 분, 초의 단위를 사용)

6 시간의 뺄셈을 예를 들어 설명하세요. (시간, 분, 초의 단위를 사용)

우선 똑같이 나눈 다음 생각하면 편해!

1번이 2번에게 1만큼 주면, 1번과 2번의 차이는 2가 됩니다.

즉 1번과 2번은 준 것의 2배만큼 차이 납니다.

예제

길이가 20cm인 철사를 다혜와 하늬가 나누어 갖습니다. 다혜가 하늬보다 8cm 길게 가지려면 어떻게 나누어 가지면 될까요?

분석

1 철사를 주어진 조건에 맞게 나누어 가져야 합니다.

2 철사를 똑같이 나누어 갖고, 하늬가 다혜에게 1cm씩 철사를 주면서 차이를 찾아봅니다.

3 똑같이 나누어 갖고, 문제의 조건에 맞게 분배합니다.

개요

길이가 20cm인 철사를 둘에게 나누어 주기,

그런데 둘의 차이가 8cm 차이 나게 만들기

풀이

10cm씩 똑같이 나누어 갖고, 하늬가 다혜에게 1cm씩 철사를 줍니다.

하늬	다혜	차이
10cm	10cm	0cm
9cm	11cm	2cm
8cm	12cm	4cm
6cm	14cm	8cm

따라서 철사를 똑같이 나누어 갖고 4cm의 철사를 하늬가 다혜에게 주면 됩니다.

하늬 철사의 길이: 10−4=6(cm)

다혜 철사의 길이: 10+4=14(cm)

가 1 196cm 길이의 리본을 나와 동생이 나누어 가졌습니다. 내가 동생보다 28cm를 더 가졌을 때, 나와 동생이 가진 리본의 길이를 각각 구하시오.

가 2 다혜, 하늬, 시헌이는 300m에 달하는 길에 보도블록을 까는 일을 맡았습니다. 300m를 세 부분으로 나누어 각각 작업하려 합니다. 실력에 따라 다혜가 하늬보다 10m, 하늬가 시헌이보다 10m 더 작업하기로 했습니다. 다혜, 하늬, 시헌이가 작업해야 할 길의 길이를 각각 구하시오.

차근차근 생각하면
답이 보여!

나 | 빠르게 가는 시계, 느리게 가는 시계

어떤 시계가 □시간마다 ○분만큼 빨리 가면, 원래의 시각에 ○분을 더합니다.

어떤 시계가 □시간마다 ○분만큼 느리게 가면, 원래의 시각에서 ○분을 뺍니다.

예) 어떤 시계가 12시간마다 1분만큼 빨리 간다면, 시계를 오전 8시에 정확히 맞춘 후 오후 8시가 되었을 때 시계는 오후 8시 1분을 가리킨다는 뜻입니다.

어떤 시계가 12시간마다 1분만큼 느리게 간다면, 시계를 오전 8시에 정확히 맞춘 후 오후 8시가 되었을 때 시계는 오후 7시 59분을 가리킨다는 뜻입니다.

예제

하루에 1분씩 빨리 가는 시계가 있습니다. 오늘 오전 7시에 시계를 정확히 맞추어 놓았다면 다음 날 오후 7시에 시계는 몇 시 몇 분 몇 초를 가리킵니까?

분석

1 주어진 시간 동안 시계가 얼마나 빨리 가고, 느리게 가는지를 구합니다.

2 시계 단위를 복습합니다. 하루는 24시간, 1시간은 60분, 1분은 60초입니다.

3 하루(24시간)에 1분씩 빨리 가는 시계는 12시간에 30초씩 빨리 가는 시계입니다.

개요

하루(24시간)에 1분씩 빨리 가는 시계라면,

오늘 오전 7시부터 내일 오후 7시까지 얼마나 빨리 갈까?

풀이

오늘 오전 7시~다음 날 오후 7시는 36시간입니다.

36시간=24시간+12시간입니다.

24시간씩 1분 빨리 가고, 12시간씩 30초 빨리 갑니다.

따라서 36시간 동안 시계는 (1분+30초) 빨리 갑니다.

따라서 오후 7시+1분 30초=오후 7시 1분 30초

나 1 하루에 2분 30초씩 빨리 가는 시계가 있습니다. 오늘 오전 7시에 시계를 정확히 맞추어 놓았다면, 내일 오후 7시에 시계는 몇 시 몇 분 몇 초를 가리킵니까?

나 2 하루에 2분씩 느리게 가는 시계가 있습니다. 오늘 오전 7시에 시계를 정확히 맞추어 놓았다면, 오늘 저녁 9시에 시계는 몇 시 몇 분 몇 초를 가리킵니까?

분을 초로
바꾸어 생각해!

 6 분수와 소수

✚ ━ ✖ ➗	아래의 기본 개념 테스트를 통과하지 못했다면,
기본 개념 테스트	교과서·개념교재·응용교재를 보며 이 단원을 다시 공부하세요!

1 분수가 무엇인가요?

2 분모가 같은 분수의 크기를 비교하는 방법을 예를 들어 설명하세요.

3 단위분수가 무엇인가요?

정답과 풀이 05쪽

4 서로 다른 단위분수의 크기를 비교하는 방법을 예를 들어 설명하세요.

5 소수가 무엇인가요?

6 소수의 크기를 비교하는 방법을 예를 들어 설명하세요.

가 | 분수를 이용하여 남은 양 구하기

예제

아빠가 케이크의 $\frac{2}{6}$를 먹고, 엄마가 나머지의 $\frac{3}{4}$을 먹었습니다. 남아 있는 케이크는 전체의 몇 분의 몇입니까?

분석

1 아빠와 엄마가 차례로 먹고 남은 케이크의 양을 어떻게 구할까요?

2 그림이나 띠, 수직선을 이용하여 나타내면 쉽습니다.

개요

1 아빠가 $\frac{2}{6}$를 먹었다.

2 엄마가 나머지의 $\frac{3}{4}$을 먹었다.

3 남은 케이크의 양은?

풀이

아빠가 먹은 케이크의 양이 $\frac{2}{6}$이므로 긴 띠를 그리고 6등분합니다.

1 아빠가 먹은 양을 표시합니다.

아빠	아빠				

2 나머지의 $\frac{3}{4}$에 엄마가 먹은 양을 표시합니다.

아빠	아빠	엄마	엄마	엄마	

3 남아 있는 케이크는 전체의 $\frac{1}{6}$입니다.

가 1 아빠가 전체 일의 $\frac{3}{7}$을 했고, 엄마는 나머지의 $\frac{1}{4}$을 했습니다. 남아 있는 일의 양은 전체의 몇 분의 몇입니까?

가 2 오늘 받은 용돈의 $\frac{3}{8}$으로 책을 샀고, 남아 있는 용돈의 $\frac{3}{5}$으로 과자를 샀습니다. 그리고 남은 용돈의 절반으로 엄마 선물을 샀을 때, 남은 용돈은 전체의 몇 분의 몇입니까?

막대 그림을 그려서
분수로 표현해 보자!

심화종합

심화종합 **1** 세트

문제가 골고루
섞여 있어!

1 길이가 20cm인 색 테이프 3장을 그림과 같이 같은 간격으로 이어 붙였습니다. 이은 전체 길이가 54cm일 때, 색 테이프의 겹쳐진 한 부분의 길이를 구하시오.

2 다음 도형에서 선을 따라 그릴 수 있는 직사각형은 모두 몇 개입니까?

3 어떤 세 자리 수 ㉠㉡㉢의 백의 자리 숫자와 십의 자리 숫자의 합은 일의 자리 숫자와 같습니다. 세 자리 수 ㉠㉡㉢의 십의 자리와 일의 자리의 위치를 바꿔 새로운 세 자리 수를 만들었습니다. 세 자리 수 ㉠㉡㉢과 새로 만든 세 자리 수의 합이 532일 때, 세 자리 수 ㉠㉡㉢을 구하시오.

4 새로 건설한 40m 도로에 8m 간격으로 가로수를 심으려고 합니다. 도로의 처음과 끝에 모두 가로수를 심는다고 할 때, 필요한 가로수는 모두 몇 그루입니까? (단, 나무의 굵기는 생각하지 않습니다.)

5 과일 가게에 복숭아, 멜론, 수박이 들어왔습니다. 수박 1개의 무게는 멜론 2개의 무게와 같고, 멜론 1개의 무게는 복숭아 3개의 무게와 같습니다. 수박 9개와 멜론 6개의 무게의 합은 복숭아 몇 개의 무게와 같은지 풀이 과정을 쓰고 답을 구하시오.

6 닭과 소와 돼지를 키우는 농장이 있습니다. 농장에 있는 동물들의 다리수를 모두 합하면 108개입니다. 소는 7마리 있고, 닭의 수는 돼지의 2배입니다. 돼지는 모두 몇 마리입니까?

7 다혜의 시계는 하루에 30초씩 느리게 갑니다. 다혜가 월요일 오전 9시에 시계를 정확히 맞추어 놓았다면 수요일 오후 9시가 되었을 때 다혜의 시계는 오후 몇 시 몇 분 몇 초를 가리키겠습니까?

8 규칙에 따라 분수를 늘어놓은 것입니다. 규칙을 찾아 20번째 분수를 구하시오.

$$\frac{1}{2}, \ \frac{1}{3}, \ \frac{2}{3}, \ \frac{1}{4}, \ \frac{2}{4}, \ \frac{3}{4}, \ \frac{1}{5}, \ \frac{2}{5}, \ \frac{3}{5}, \ \frac{4}{5}, \ \cdots\cdots$$

정말 수고했어!

심화종합 ②세트

이렇게 보니깐 색다른걸?

1 집에서 학교까지 버스와 전철을 타고 갑니다. 버스를 타고 간 거리의 $\frac{4}{6}$는 전철을 타고 간 거리의 $\frac{5}{6}$와 같습니다. 전철을 탄 거리와 버스를 탄 거리 중 더 짧은 거리는 어느 쪽입니까?

2 주연이, 수영이, 예림이는 길이가 50cm인 철사를 3토막으로 나누어 가졌습니다. 수영이가 가진 철사는 주연이보다 6cm 4mm 더 길고, 예림이가 가진 철사는 수영이보다 10cm 2mm 더 깁니다. 예림이가 가진 철사의 길이는 몇 cm 몇 mm입니까?

3 7을 40번 곱한 수의 일의 자리 수는 얼마입니까?

4 형과 동생이 달리기 시합을 했습니다. 동생이 형보다 300m 앞에서 출발했습니다. 형은 1분에 200m, 동생은 1분에 150m를 달린다고 할 때, 형은 얼마 만에 동생을 따라잡을 수 있습니까?

심화종합 ② 세트

5 조건을 모두 만족하는 두 자리 수를 구하시오.

> ㉠ 4와 6으로 나누어떨어지는 수이고 40보다 작습니다.
>
> ㉡ 일의 자리의 숫자와 십의 자리의 숫자가 모두 짝수입니다.
>
> ㉢ 십의 자리의 숫자와 일의 자리의 숫자의 곱은 8입니다.

6 시헌이가 편의점에서 산 초콜릿을 친구들에게 똑같이 나누어 주려고 합니다. 한 사람에게 4개씩 나누어 주면 8개가 남고 5개씩 나누어 주면 하나도 남지 않습니다. 시헌이의 친구는 몇 명입니까?

7 정사각형 6개를 이어 붙인 그림에서 선을 따라 그릴 수 있는 정사각형이 아 닌 직사각형은 모두 몇 개입니까? (단, 모양과 크기가 같아도 위치가 다르면 다른 것으로 봅니다.)

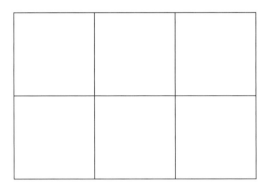

8 그림에서 한 원 안에 있는 네 수의 합은 모두 같을 때, ⓒ에 알맞은 수는 얼마 입니까?

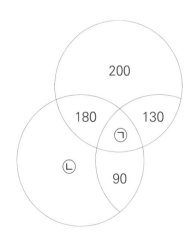

다음 세트로
Go! Go!

심화종합 3 세트

잘 모르겠으면, 앞의 단원으로
돌아가서 복습!

1 어떤 수에서 432를 빼야 하는데, 432의 백의 자리와 일의 자리의 숫자가 바뀐 수를 더했더니 800이 되었습니다. 바르게 계산하면 얼마인지 풀이 과정을 쓰고 답을 구하시오.

2 그림에서 5개의 점 중 3개의 점을 이어서 각을 그리려 합니다. 그릴 수 있는 각은 모두 몇 개입니까?

3 어느 TV 공장에서 6명이 3시간 동안 TV 54대를 조립합니다. 모든 사람이 같은 시간 동안 조립하는 TV의 수가 일정할 때, 1명이 9시간 동안 조립할 수 있는 TV는 모두 몇 대인지 풀이 과정을 쓰고 답을 구하시오.

4 세로가 3cm, 가로가 10cm인 색 테이프 5장을 가로로 5cm씩 겹치게 이어 붙여 길쭉한 사각형을 만들었습니다. 이어 붙인 색 테이프의 네 변의 길이의 합은 몇 cm입니까?

심화종합 **3** 세트

5 네 자리 수 1009와 10㉠㉡의 합은 20㉡㉠입니다. 이때, 두 자리 수 ㉠㉡이 될 수 있는 수를 모두 구하시오. (단, ㉠은 0이 아닙니다.)

6 규칙에 따라 분수를 늘어놓았습니다. 규칙을 찾아 10번째 분수의 분모와 분자의 합을 구하시오.

$$\frac{1}{3}, \ \frac{3}{5}, \ \frac{5}{7}, \ \frac{7}{9}, \ \frac{9}{11}, \ \cdots\cdots$$

7 문구점에 연필, 볼펜, 사인펜이 모두 합해 400자루 있습니다. 연필은 볼펜보다 30자루 더 많고, 사인펜은 연필보다 40자루 더 많습니다. 사인펜은 몇 자루입니까?

8 4칸으로 나눈 사각형에 일정한 규칙으로 색칠된 모양을 나열한 것입니다. 차례대로 15개를 나열했을 때, 색칠된 칸은 모두 몇 칸입니까?

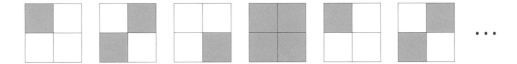

이제 절반 지났어!

심화종합 4 세트

오답 노트를
만들어 봐.

1 직사각형 모양의 종이를 반으로 접고, 접은 종이를 다시 반으로 접기를 5번 반복했습니다. 이때 생긴 가장 작은 직사각형의 크기를 가장 큰 직사각형과 비교해 분수로 나타내시오.

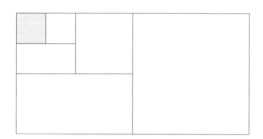

2 사탕 50개를 통 4개에 나누어 담으려 합니다. 각 통에는 서로 다른 개수가 들어가도록 담아야 합니다. 사탕을 가장 많이 담은 통의 사탕 개수가, 가장 많을 때와 가장 적을 때의 개수를 각각 구하시오. (단, 사탕이 1개도 들어가지 않는 통은 없습니다.)

3 하늬는 가위바위보를 하여 이기면 3점을 얻고 지면 2점을 잃는 놀이를 했습니다. 가위바위보를 10번 하여 6번 이겼다면 하늬의 점수는 몇 점입니까? (단, 비기는 경우는 없습니다.)

4 가로 16m, 세로 8m인 직사각형 모양의 땅에 2m 간격으로 검은색 말뚝과 흰색 말뚝을 번갈아 박았습니다. 직사각형의 꼭짓점에는 모두 흰색 말뚝을 박는다면, 땅에 박힌 흰색 말뚝은 모두 몇 개입니까?

심화종합 **4** 세트

5 둘레가 24cm인 정사각형 10개로 다음과 같은 도형을 만들었습니다. 이 도형
의 둘레의 길이를 구하시오.

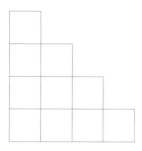

6 같은 모양과 무게의 접시와 같은 모양과 무게의 컵이 여러 개 있습니다. 접시
3장과 컵 2개의 무게의 합은 1570g이고, 접시 1장과 컵 2개의 무게의 합은
870g입니다. 접시 1장의 무게를 구하시오.

7 어느 직사각형의 가로를 5cm 늘이고, 세로를 3cm 줄였더니 네 변의 길이의 합이 40cm인 정사각형이 되었습니다. 처음 직사각형의 가로와 세로의 길이를 각각 구하시오.

8 지원이가 집에서 학교까지 등교하는데, 전체 거리의 $\frac{1}{4}$은 걸어가고 나머지는 버스를 타고 갑니다. 버스를 타고 가는 거리는 걸어서 가는 거리보다 500m 더 깁니다. 집에서 학교까지의 거리는 몇 km 몇 m입니까?

고지에 거의
다 왔어!

심화종합 5 세트

이제 조금
알 것 같지?

1 수민이네 학교에서 학생 445명을 대상으로 영화관과 놀이공원을 좋아하는지 알아보기 위해 설문조사를 했습니다. 영화관을 좋아하는 학생은 130명, 놀이공원을 좋아하는 학생은 345명이었습니다. 영화관과 놀이공원을 둘 다 좋아한다고 대답한 학생은 108명이었습니다. 그렇다면 영화관과 놀이공원을 둘 다 좋아하지 않는다고 대답한 학생은 몇 명입니까?

2 혜진이는 도화지의 $\frac{1}{2}$에 빨간색을 칠하고, 나머지의 $\frac{3}{4}$에 파란색을 칠했습니다. 파란색을 칠하고 남은 나머지에 초록색을 칠했다면, 초록색을 칠한 부분은 도화지 전체의 몇 분의 몇입니까?

3 공 2개를 넣으면 9개가 나오고, 공 4개를 넣으면 17개가 나오고, 공 9개를 넣으면 37개가 나오는 게임기가 있습니다. 이 게임기의 규칙을 찾고, 공 12개를 넣었을 때 몇 개가 나오는지 구하시오.

4 다음과 같이 일정한 간격으로 9개의 점이 찍혀 있습니다. 이 중 4개의 점을 꼭짓점으로 하는 정사각형을 만들 때, 만들 수 있는 정사각형은 모두 몇 개입니까? (단, 모양과 크기가 같아도 위치가 다르면 다른 것으로 봅니다.)

심화종합 **5** 세트

5 모든 면이 정사각형으로 된 상자를 그림과 같이 끈으로 묶었습니다. 사용한 끈의 길이가 모두 60cm이고, 상자 위 리본을 묶는 데 사용한 끈의 길이가 12cm입니다. 상자를 이루고 있는 정사각형 모양의 면의 한 변의 길이는 몇 cm입니까?

6 ㉠, ㉡, ㉢은 0이 아닌 서로 다른 수입니다. 세 자리 수 ㉠㉡㉢과 ㉢㉡㉠의 합이 888이 되게 하는 세 자리 수 ㉠㉡㉢을 모두 찾으시오.

7 가로 48cm, 세로 80cm인 직사각형 모양의 종이가 있습니다. 이 종이를 반으로 접어 잘랐을 때 나오는 종이를 ㉠, ㉠을 반으로 접어 잘랐을 때 나오는 종이를 ㉡, ㉡을 반으로 접어 잘랐을 때 나오는 종이를 ㉢이라고 할 때, ㉢의 네 변의 길이의 합을 구하시오.

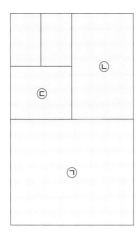

8 갈림길을 만나면 왼쪽 길보다 오른쪽 길로 2배 많은 구슬이 굴러가는 기계가 있습니다. 예를 들어 입구에 3개의 구슬을 넣으면 '가'로 1개, '나'로 2개가 굴러가고, 9개의 구슬을 넣으면 '가'로 3개, '나'로 6개가 굴러갑니다.

다음 그림의 입구에 몇 개의 구슬을 넣어야 ㄷ으로 굴러 나오는 구슬이 ㄴ에서 굴러 나오는 구슬보다 18개 많아집니까?

여기까지 온
네가 자랑스러워!

실력 진단
테스트

 45분 동안 다음의 15문제를 풀어 보세요.

1 영수와 경수는 귤을 땄습니다. 영수는 224개를 땄고, 경수는 영수보다 130개를 더 땄습니다. 두 사람이 딴 귤은 몇 개입니까?

2 ㉠은 100이 7, 10이 14, 1이 9인 수입니다. ㉡은 100이 9, 10이 2, 1이 18인 수입니다. ㉠과 ㉡의 차를 구하시오.

3 다음 식에서 □, ○, △ 안에 들어갈 수를 구하시오.

$$
\begin{array}{r}
5\ 3\ \bigcirc\ 4 \\
-\quad 5\ 9\ \square \\
\hline
4\ \triangle\ 3\ 9
\end{array}
$$

4 대화를 읽고 물음에 답하시오.

> **주희** 4개의 각 중 어느 한 각만 직각이면 직사각형이라고 불러.
>
> **희진** 정사각형도 직사각형이라고 생각해.
>
> **영은** 마주 보는 두 변의 길이가 같으면 정사각형이야.

1) 바르게 말한 사람은 누구입니까?

2) 주희의 말이 틀린 이유를 쓰시오.

3) 정사각형과 직사각형의 차이를 쓰시오.

정답과 풀이 20쪽

5 다음의 숫자 카드 3장을 사용하여 몫이 가장 작은 (두 자리 수)÷(한 자리 수)의 나눗셈식을 만들고 몫을 구하시오.

$$\boxed{1} \quad \boxed{2} \quad \boxed{4}$$

6 도서관에 있는 책꽂이 한 개에는 4개의 칸이 있고, 각 칸에는 책이 8권씩 꽂힙니다. 도서관에 있는 책꽂이 15개 중 책이 꽂히지 않은 칸수는 4칸이며, 어느 한 칸에만 책이 6권 꽂혀 있을 때, 도서관에 있는 책은 모두 몇 권입니까?

7 두 수의 곱이 500에 가장 가깝도록 □ 안에 알맞은 수를 써넣으시오.

$$71 \times \boxed{}$$

8 어떤 수를 세 번 곱했더니 300보다 크고 400보다 작은 수가 되었습니다. 어떤 수를 구하시오.

정답과 풀이 20쪽

9 모든 변이 서로 직각으로 만나는 다음 도형에서 색칠한 부분의 둘레의 길이는 몇 km 몇 m입니까?

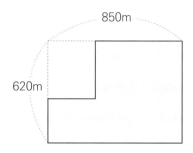

10 규동이는 2분에 550m를 달리고, 소은이는 3분에 630m를 달립니다. 규동이와 소은이가 각각 일정한 빠르기로 6분 동안 달린다면 누가 몇 m를 더 달리겠습니까?

11 인수와 현정이는 물속에서 누가 더 오랫동안 잠수하는지 시합을 했습니다. 인수는 3분 5초, 현정이는 155초 동안 물속에 있었습니다. 누가 얼마나 더 오랫동안 있었습니까?

12 하루에 12분씩 늦어지는 시계가 있습니다. 6월 1일 정오에 정확히 시각을 맞추었을 때, 6월 8일 정오에 이 시계가 가리키는 시각을 구하시오.

13 정연이는 정사각형 모양의 색종이 1장을 그림과 같이 접었습니다. 색종이
는 똑같이 몇 부분으로 나누어졌습니까?

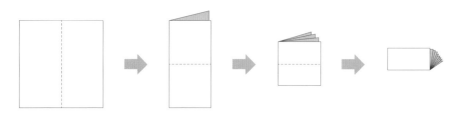

14 색칠한 부분이 나타내는 분수가 다른 하나는 어느 것입니까?

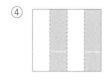

15 0부터 9까지의 숫자를 모두 한 번씩 사용하여 다음의 식을 만들려고 합니다. ㉠부터 ㉅까지 들어갈 알맞은 수를 구하시오.

$$
\begin{array}{cccc}
 & ㉠ & ㉡ & 9 \\
+ & 7 & 6 & ㉢ \\
\hline
㉣ & ㉤ & ㉥ & ㉦ \\
\end{array}
$$

실력 진단 결과

• 정답과 풀이 23쪽 참고

채점을 한 후, 다음과 같이 점수를 계산합니다.

(내 점수)=(맞은 개수)×6+10(점)

내 점수: _____ 점

점수에 따라 무엇을 하면 좋을까요?

90점~100점: 틀린 문제만 오답하세요.

80점~90점: 틀린 문제를 오답하고, 여기에 해당하는 개념을 찾아 복습하세요.

70점~80점: 이 책을 한 번 더 풀어 보세요.

60점~70점: 개념부터 차근차근 다시 공부하세요.

50점~60점: 개념부터 차근차근 공부하고, 재밌는 책을 읽는 시간을 많이 가져 보세요.

지은이 류승재

고려대학교 수학과를 졸업했습니다. 25년째 수학을 가르치고 있습니다. 최상위권부터 최하위권까지, 재수생부터 초등부까지 다양한 성적과 연령대의 아이들에게 수학을 가르쳤습니다. 교과 수학뿐만 아니라 사고력 수학 · 경시 수학 · SAT · AP · 수리논술까지 다양한 분야의 수학을 다루었습니다.

수학 공부의 바이블로 인정받는 《수학 잘하는 아이는 이렇게 공부합니다》를 썼고, 더 체계적이고 구체적인 초등 수학 공부법을 공유하기 위해 《초등수학 심화 공부법》을 썼습니다. 유튜브 채널 「공부머리 수학법」과 강연, 칼럼 기고 등 다양한 활동을 통해 수학 잘하기 위한 공부법을 나누고 있습니다.

유튜브 「공부머리 수학법」
네이버카페 「공부머리 수학법」
책을 읽고 궁금한 내용은 네이버카페에 남겨 주세요.

열려라 심화 초등수학 **3-1**

초판 1쇄 발행 2022년 8월 15일
초판 2쇄 발행 2022년 9월 22일

지은이 류승재

펴낸이 金昇芝
편집 김도영 노현주
디자인 별을잡는그물 양미정

펴낸곳 블루무스에듀
전화 070-4062-1908
팩스 02-6280-1908
주소 경기도 파주시 경의로 1114 에펠타워 406호
출판등록 제2022-000085호
이메일 bluemoosebooks@naver.com
인스타그램 @bluemoose_books

ⓒ 류승재 2022

ISBN 979-11-91426-52-6 (63410)

생각의 힘을 기르는 진짜 공부를 추구하는 블루무스에듀는 블루무스 출판사의 어린이 학습 브랜드입니다.

열려라 심화
초등수학
3-1
정답과 풀이

기본 개념 테스트

1단원 덧셈과 뺄셈

• 10쪽~11쪽

채점 전 지도 가이드

다양한 방법으로 세 자리 수 덧셈과 뺄셈을 할 수 있는지 확인합니다. 받아올림이나 받아내림을 할 때 십의 자리나 백의 자리에서 헷갈릴 수 있는데, 일의 자리와 같은 방법으로 계산하지만 실제로는 십의 자리나 백의 자리 계산이라는 사실을 잊어버리기 때문입니다.

만약 아이가 2-1)번 문제를 풀지 못한다면 문제집 풀기를 잠시 중단하고, 수 모형 연습을 충분히 시켜 받아올림과 받아내림의 개념을 확실히 인식하도록 합니다.

1.

1)

$$500+600=1100$$
$$70+40=110$$
$$9+8=17$$
$$579+648=1227$$

2)

1단계

$$\overset{1}{579}$$
$$+648$$
$$\overline{7}$$

9+8=17
10이거나 10을 넘으면
십의 자리로 받아올림합니다.

2단계

$$\overset{1\ 1}{579}$$
$$+648$$
$$\overline{27}$$

10+70+40=120
받아올림한 수를 십의 자리 수와 더합니다.
100이거나 100을 넘으면
백의 자리로 받아올림합니다.

3단계

$$\overset{1\ 1}{579}$$
$$+648$$
$$\overline{1227}$$

100+500+600=1200
받아올림한 수를 백의 자리 수와 더합니다.
1000이거나 1000을 넘으면
천의 자리로 올려 계산합니다.

2.

1)

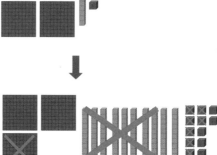

300-100=200　　　100-80=20　　　12-7=5

잠깐! 부모 가이드

문제집의 공간에 그림을 그려 계산해도 되고, 집에 있는 수 모형으로 직접 계산도 됩니다.

2)

1단계

$$\overset{0\ 10}{4\,\cancel{1}\,2}$$
$$-187$$
$$\overline{5}$$

12-7=5
일의 자리 수끼리 뺄 수 없으면
십의 자리에서 받아내림합니다.

2단계

$$\overset{3\ 0\ 10}{4\,\cancel{1}\,2}$$
$$+187$$
$$\overline{25}$$

100-80=20
십의 자리 수끼리 뺄 수 없으면
백의 자리에서 받아내림합니다.

3단계

$$\overset{3\ 0\ 10}{4\,\cancel{1}\,2}$$
$$-187$$
$$\overline{225}$$

300-100=200
백의 자리에서 받아내림을 했기에
3이 2가 되었습니다.

2단원 평면도형

채점 전 지도 가이드

아이가 개념을 이해하고 외워야 하는 단원입니다. 즉, 이 단원의 개념들은 이해를 넘어 암기의 대상입니다. 이해한 후 암기하지 않으면 문제를 풀거나 진도를 나갈 수 없으므로, 제대로 알고 있는지 체크해야 합니다. 잘 풀지 못하면 다시 교과서와 개념교재·응용교재를 보며 공부합니다.

이해와 암기를 위해, 도형을 손으로 직접 만들고 그려 보는 것도 중요합니다. 종이를 접어 직접 직각삼각형, 직사각형, 정사각형을 만들어 보는 등 모든 문제의 답을 직접 손으로 표현하게 유도하세요.

1.

선분: 두 점을 곧게 이은 선으로 시작점과 끝점이 있습니다. 점 ㄱ과 점 ㄴ을 이은 선분을 선분 ㄱㄴ 또는 선분 ㄴㄱ이라고 합니다.

반직선: 한 점에서 한쪽으로 끝없이 늘인 곧은 선입니다. 점 ㄱ에서 시작하여 점 ㄴ을 지나는 반직선을 반직선 ㄱㄴ이라고 합니다. 한 방향으로만 늘어나므로 시작점만 있습니다.

직선: 양쪽으로 끝없이 늘인 곧은 선입니다. 점 ㄱ과 점 ㄴ을 지나는 직선을 직선 ㄱㄴ 또는 직선 ㄴㄱ이라고 합니다. 양방향으로 늘어나므로 시작점과 끝점이 없습니다.

선분은 반직선과 직선의 일부분이고, 반직선은 직선의 일부분입니다.

2.

각: 한 점에서 그은 두 반직선으로 이루어진 도형입니다. 그림의 각을 각 ㄱㄴㄷ 또는 각 ㄷㄴㄱ이라 합니다.

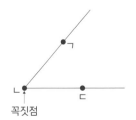

직각: 종이를 + 모양으로 반듯하게 두 번 접었을 때 생기는 각입니다.

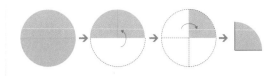

3.

직각삼각형: 한 각이 직각인 삼각형입니다.

다음과 같이 사각형의 직각 부분을 포함해 종이를 반듯하게 잘라 직각삼각형을 만들 수 있습니다.

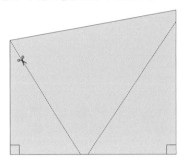

잠깐! 부모 가이드
직각이 포함된 사각형 모양의 종이를 주고 직각삼각형을 만들어 보게 유도합니다.

4.

직사각형: 네 각이 모두 직각인 사각형을 말합니다. 종이를 네 각이 모두 직각이 되게 접어 만들 수 있습니다.

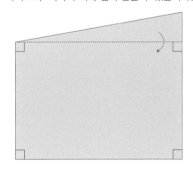

5.

정사각형: 네 각이 모두 직각이고 네 변의 길이가 모두 같은 사각형을 말합니다.

직사각형 모양의 종이를 두 변이 맞닿도록 접고, 맞닿지 않은 부분을 자릅니다. 자른 도형을 펼치면 정사각형이 됩니다.

3단원 나눗셈 ・26쪽~27쪽

채점 전 지도 가이드
나눗셈의 개념을 최초로 배우는, 3학년 1학기 과정에서 가장 중요한 단원입니다. 수를 하나의 균질한 개념으로 이해하는 아이에게 나눗셈은 반직관적인 연산입니다. 따라서 그 어느 단원보다도 개념 숙지가 중요합니다. 어떤 문제에서 막히는지 살펴보고, 해당 부분의 개념을 스스로 찾아 학습하게 유도합니다.

1.
1) 12개를 4묶음으로 나누면 한 접시에 3개의 사과가 놓입니다.

2) 12를 4씩 몇 번 뛰어 세어야 12가 되는지 수직선에서 세어 봅니다. 3번 뛰면 12가 됩니다.

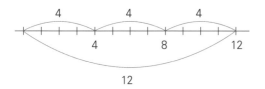

3) 사과 12개를 4개씩 묶으면 3번 덜어낼 수 있습니다. 뺄셈식으로 쓰면 다음과 같습니다.
$$12 - 4 - 4 - 4 = 0$$

2.
$4 \times 3 = 12$
4를 3번 더하면 12입니다.
$3 \times 4 = 12$
3개의 묶음에 4씩 넣으면 12입니다.

3.
7을 몇 번 더해야 28이 되는지 곱셈식으로 써 봅니다.
$7 \times 4 = 28$
7을 4번 더하면 28입니다.

4단원 곱셈 ・34쪽~35쪽

채점 전 지도 가이드
어려운 개념이 거의 없으며 대부분 기본 개념 테스트를 잘 풀 것입니다. 다만 아이가 어려워하는 두 가지 경우가 있습니다. 첫째, (두 자리 수)×(한 자리 수) 연산에서 자리 수 계산을 어려워하는 경우입니다. 둘째, 아이가 기계적인 세로셈은 잘하는데 정작 그 원리를 이해하지 못하는 경우입니다. 즉 3)은 잘 푸는데 1)과 2)에서 더듬거리는 것입니다. 만약 아이가 이 두 가지 경우 중 하나라면, 수 모형을 조작하는 연습을 하라고 일러 줍니다. 곱셈의 원리를 더 정확하게 깨칠 것입니다.

1.
1) 36을 4번 더하면 144입니다. 식으로 쓰면 다음과 같습니다.
$$36 + 36 + 36 + 36 = 144$$

2) $36 = 30 + 6$
$30 \times 4 = 120$
$6 \times 4 = 24$

$36 \times 4 = 144$

3)
$$
\begin{array}{r}
36 \\
\times \quad 4 \\
\hline
24 \quad \leftarrow 6 \times 4 = 24 \\
120 \quad \leftarrow 30 \times 4 = 120 \\
\hline
144
\end{array}
$$

5단원 길이와 시간 ・38쪽~39쪽

채점 전 지도 가이드
대부분의 아이들이 쉽게 이해하고 넘어가는 단원입니다. 각 단위의 관계만 잘 알면 됩니다. 다만 시간 계산의 경우 60진법(분의 계산)과 12진법(시간의 계산)을 따르기에 받아올림과 받아내림을 조금 어려워하기도 합니다. 5번과 6번 문제에서 막힐 수도 있다는 뜻입니다. 시간을 조금 들여 연습하면 해결됩니다.

1.
1cm를 10칸으로 똑같이 나누었을 때, 작은 눈금 한 칸의

길이를 1mm라 쓰고 1밀리미터라고 읽습니다.
즉 1cm=10mm

2.
1000m를 1km라 쓰고 1킬로미터라고 읽습니다.

3.
분보다 작은 단위는 '초'라고 부릅니다. 1분은 60초와 같습니다.

4.
분보다 큰 단위는 '시간'이라고 부릅니다. 60분은 1시간과 같습니다.

5.

    14분 55초
  + 36분 9초
  ────────────
         64초 ← 55초+9초=64초=1분 4초
    50분
  ────────────
    51분 4초 ← 60초=1분 받아올림

6.

    10시 15분 45초
  - 8시 20분 12초
  ────────────────
         33초 ← 45초-12초=33초
    55분 ← 75분-20분=55분(1시간=60분 받아내림)
    1시 ← 9시-8시=1시(10시→9시가 됨)
  ────────────────
    1시 55분 33초

6단원 분수와 소수

•44쪽~45쪽

채점 전 지도 가이드
분수는 초등 수학에서 가장 중요한 과정이므로 '똑같이 나눈다'라는 의미를 정확히 알고 있는지 확인해야 합니다. 기본 개념 테스트를 잘 풀지 못할 경우, 개념교재가 아니라 되도록 교과서를 참고해 답을 찾아보게 유도합니다.
간혹 옆에서 도와주겠다고 "5개 중 3개가 $\frac{3}{5}$이야."라고 교습자가 설명하는 경우가 있는데 이는 교과 과정에 맞지 않는 설명이니 하지 않습니다. 무조건 먼저 직접 찾아보게 하고, 설명을 해야 한다면 "전체를 똑같이 5로 나눈 것 중의 3이 $\frac{3}{5}$이야."라고 설명합니다. 한편 분수의 크기 비교가 잘 되지 않으면 그림을 그려 색칠하며 생각해 보도록 유도합니다.

1.
전체를 똑같이 3으로 나눈 것 중의 1을 $\frac{1}{3}$이라 쓰고 3분의 1이라 읽습니다. $\frac{1}{3}$과 같은 수를 분수라고 합니다.

2.
분모가 같으면 분자가 클수록 큰 수입니다. 분모가 6인 수를 예로 들면 다음과 같습니다.
$\frac{1}{6}<\frac{2}{6}<\frac{3}{6}<\frac{4}{6}<\frac{5}{6}<\frac{6}{6}(=1)$

3.
분자가 1인 분수를 단위분수라 합니다. $\frac{1}{2}$, $\frac{1}{3}$, $\frac{1}{4}$, $\frac{1}{5}$ 등이 있습니다.

4.
단위분수는 분모의 크기가 작을수록 큰 수입니다.

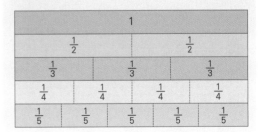

5.
$\frac{1}{10}$, $\frac{2}{10}$를 0.1, 0.2라 쓰고 영 점 일, 영 점 이라 읽습니

다. 0.1, 0.2와 같은 수를 소수라 하고 '.'을 소수점이라 합니다.

6.

자연수 부분의 크기를 먼저 비교합니다. 자연수가 큰 쪽이 큰 수입니다. 0.8과 1.6을 비교하면 소수 부분은 0.80이 더 크지만 자연수 부분이 1.6이 더 크므로, 1.6이 더 큽니다.
만약 자연수 부분의 크기가 같으면 소수 부분의 크기를 비교합니다. 0.4와 0.7 중 더 큰 수는 0.7입니다.

단원별 심화

1단원 덧셈과 뺄셈
•12쪽~17쪽

| 가1. 300 | 가2. 200 | 나1. 800cm |
| 나2. 140cm | 다1. 38 | 다2. 4950 |

가1.
단계별 힌트

1단계	등식의 성질과 곱셈의 원리를 복습합니다.
2단계	어떤 수를 □라고 놓고, 식을 세웁니다.
3단계	양변에 얼마를 더해야 식을 정리할 수 있을까요?

어떤 수를 □라고 놓으면 다음의 식을 세울 수 있습니다.
$\square \times 2 - 200 = \square + 100$
양변에 200을 더하면
$\square \times 2 - 200 + 200 = \square + 100 + 200$
$\rightarrow \square \times 2 = \square + 300$
곱셈의 성질을 이용하면 $\square + \square = \square + 300$입니다.
따라서 □=300

가2.
단계별 힌트

1단계	등식의 성질과 곱셈의 원리를 복습합니다.
2단계	어떤 수를 □라고 놓고 식을 세워 봅니다.
3단계	"양변에 얼마를 더하지?"

어떤 수를 □라고 놓으면 다음의 식을 세울 수 있습니다.
$\square \times 4 - 300 = \square \times 2 + 100$
양변에 300을 더하면
$\square \times 4 - 300 + 300 = \square \times 2 + 100 + 300$입니다.
$\square \times 4 = \square \times 2 + 400$에서 곱셈의 성질을 이용하면

$\square + \square + \square + \square = \square + \square + 200 + 200$입니다.
따라서 □=200

나1.
단계별 힌트

| 1단계 | 겹쳐지는 종이 띠 문제의 원리를 복습합니다. |
| 2단계 | 주어진 조건을 가지고 식을 세웁니다. |

종이 띠가 3장, 겹쳐진 부분은 2곳입니다.
따라서 전체 종이 띠의 길이는 $300 \times 3 - 50 \times 2 = 800$(cm)

나2.
단계별 힌트

1단계	겹쳐지는 종이 띠 문제의 원리를 복습합니다.
2단계	종이 띠 1장의 길이를 □라고 놓고 식을 세웁니다.
3단계	등식의 성질을 이용해 양변의 모양을 똑같이 만들어 봅니다.

종이 띠 1장의 길이를 □cm라고 놓으면 다음이 성립합니다.
$\square \times 3 - 10 \times 2 = 400$
$400 = 420 - 20$이므로 $\square \times 3 - 20 = 420 - 20$
양변에 20을 더하면 $\square \times 3 = 420$이므로 □=140(cm)

다1.
단계별 힌트

| 1단계 | 연속하는 수들의 합의 성질을 복습합니다. |
| 2단계 | 수의 개수가 홀수 개입니다. 가운데 수는 무엇입니까? |

$40 + 40 + 40 = 120$에서 2씩 차이를 두면
$38 + 40 + 42 = 120$
2씩 건너뛰는 세 수는 38, 40, 42입니다.
이 중 가장 작은 수는 38입니다.

> **다른 풀이**
> 2씩 건너뛰는 세 수를 (□-2, □, □+2)라고 놓으면 다음이 성립합니다.
> $\square - 2 + \square + \square + 2 = 120$
> $\rightarrow \square \times 3 = 120$
> 따라서 □=40입니다.
> 2씩 건너뛰는 세 수는 38, 40, 42입니다.
> 이 중 가장 작은 수는 38입니다.

다2.
단계별 힌트

| 1단계 | 연속하는 수들의 합의 성질을 복습합니다. |

2단계	수의 개수가 홀수 개입니다. 가운데 수는 무엇입니까?

수의 개수가 99개로 홀수 개이고, 가운데 수가 50이므로

$1+2+\cdots+49+50+51+\cdots+98+99$

$=(50-49)+(50-48)+\cdots+(50-1)+50+(50+1)$

$\qquad +\cdots+(50+48)+(50+49)$

$=50+50+\cdots+50+50+50+\cdots+50+50$

$=50\times99=4950$

2단원 평면도형

• 20쪽~25쪽

가1. 6개	가2. 11개	나1. 6개
나2. 9개	다1. 18개	다2. 14개

가1.
단계별 힌트

1단계	선분은 4개, 작은 각은 3개입니다.
2단계	"작은 각으로 만들 수 있는 모든 각의 개수는?"

선분이 4개이므로 선분 사이에 작은 각이 3개 생깁니다. 전체 각의 개수는 각 1개짜리(3개), 각 2개짜리(2개), 각 3개짜리(1개) 총 $3+2+1=6$(개)입니다.

가2.
단계별 힌트

1단계	선분은 5개, 작은 각은 4개입니다.
2단계	"작은 각으로 만들 수 있는 모든 각의 개수의 규칙은?"
3단계	"직각을 어떻게 찾아야 할까?"

선분이 5개이므로 선분 사이 작은 각이 4개 생깁니다. 전체 각의 개수를 세어 보면 각 1개짜리(4개), 각 2개짜리(3개), 각 3개짜리(2개), 각 4개짜리(1개) 총 $4+3+2+1=10$(개)입니다.

한편 각도기로 찾은 직각의 개수는 1개입니다.

따라서 정답은 $10+1=11$(개)입니다.

나1.
단계별 힌트

1단계	예제 풀이를 복습합니다.
2단계	점 ㄱ에서 선분을 직접 그어 봅니다.
3단계	점 ㄴ에서도 선분을 직접 그어 봅니다.

다음과 같이 $3+2+1=6$(개)의 선분을 그을 수 있습니다.

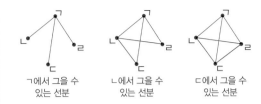

ㄱ에서 그을 수 있는 선분 / ㄴ에서 그을 수 있는 선분 / ㄷ에서 그을 수 있는 선분

나2.
단계별 힌트

1단계	예제 풀이를 복습합니다.
2단계	"6개의 점일 때 그을 수 있는 선분의 개수는?"
3단계	미리 그어져 있는 선분의 개수를 제외합니다.

꼭짓점이 6개이므로 그을 수 있는 선분의 개수는 $5+4+3+2+1=15$(개)입니다. 그런데 6개의 선분이 이미 그어져 있습니다. 따라서 추가로 그릴 수 있는 선분의 개수는 $15-6=9$(개)입니다.

다1.
단계별 힌트

1단계	크기별로 직접 세어 봅니다.
2단계	예제 풀이를 이용해서 풀어 봅니다.

개수: 6개

개수: 4개

개수: 3개

개수: 2개

개수: 2개

개수: 1개

전체 직사각형 개수 $=6+4+3+2+1=18$(개)

다2.
단계별 힌트

1단계	예제 풀이를 복습합니다.
2단계	정사각형의 크기를 기준으로 가짓수를 구하는 법은?

개수: $3\times3=9$(개)

개수: $2\times2=4$(개)

개수: 1(개)

전체 정사각형의 개수: $3\times3+2\times2+1=14$(개)

3단원 나눗셈

· 28쪽~33쪽

가1. 14그루 **가2.** 24개 **나1.** 40개
나2. 64개 **다1.** 12회전
다2. ㉰톱니바퀴: 4회전, ㉯톱니바퀴: 6회전

가1. _____ 단계별 힌트

1단계	예제 풀이를 복습합니다.
2단계	"도로 길이가 30m고 간격이 5m이니 30÷5를 하면 답이 나올까?"
3단계	'도로의 양쪽'이 무슨 뜻인가요?

30m의 도로에 5m 간격으로 처음부터 끝까지 나무를 심으면 30÷5+1=7(그루)입니다. 그런데 도로의 양쪽에 다 심으므로 나무는 14그루가 필요합니다.

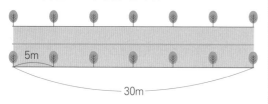

가2. _____ 단계별 힌트

1단계	예제 풀이를 복습합니다.
2단계	한 변의 길이가 3인 정사각형에 1 간격으로 점을 찍어 규칙성을 찾아봅니다.
3단계	"양끝에 말뚝을 꽂는 경우랑, 양끝에 말뚝을 꽂지 않는 경우 중에 어떤 걸 써야 할까? 둘 다 아니면, 어떻게 계산해야 할까?"

양끝에 말뚝을 꽂지 않는 경우로 계산하고, 꼭지점에 박을 말뚝 4개는 따로 더합니다. 12÷2=6이므로 꼭짓점을 제외하고 변 하나당 5개의 말뚝을 심을 수 있습니다. 4개의 변에 5개씩 심고, 꼭짓점에 4개의 말뚝을 심을 수 있으므로 총 말뚝의 개수는 5×4+4=24(개)입니다.

다른 풀이

12÷2=6이므로 양끝을 포함해 변 하나당 7개의 말뚝을 심을 수 있습니다. 그런데 꼭짓점당 1개씩 총 4개의 말뚝이 중복되므로 빼 줘야 합니다. 따라서 말뚝의 개수를 계산하면 7×4−4=24(개)입니다.

나1. _____ 단계별 힌트

1단계	예제 풀이를 복습합니다.
2단계	친구의 수를 □라고 놓고 식을 세워 봅니다.
3단계	"5개씩 나누어 주면 10개가 남는 경우랑, 6개씩 나누어 주면 4개가 남는 경우, 식을 다 세웠어? 그런데 사탕의 수는 똑같지?"

(친구의 수)=□
(사탕의 개수)=5×□+10=6×□+4
→ 5×□+10=5×□+□+4 (6×□=5×□+□이므로)
→ 10=□+4
따라서 □=6(명)입니다.
따라서 (사탕의 개수)=5×□+10=5×6+10=40(개)

나2. _____ 단계별 힌트

1단계	예제 풀이를 복습합니다.
2단계	친구의 수를 ○라고 놓고 식을 세워 봅니다.
3단계	"4개씩 나누어 주면 20개가 남는 경우랑, 6개씩 나누어 주면 2개가 모자라는 경우, 식을 다 세웠어? 그런데 사탕의 수는 똑같지?"

(친구의 수)=○
(사탕의 개수)=4×○+20=6×○−2
→ 4×○+20=4×○+2×○−2 (6×○=4×○+2×○ 이므로)
→ 20=2×○−2
→ 22−2=2×○−2 (20=22−2이므로)
→ 22=2×○
따라서 ○=11(명)입니다.
따라서 (사탕의 개수)=4×○+20=4×11+20=64(개)

다1. _____ 단계별 힌트

1단계	예제 풀이를 복습합니다.
2단계	두 톱니바퀴의 회전수와 톱니수를 정리합니다.
3단계	(회전수)×(톱니수)의 값이 서로 같다는 말의 의미는?

	㉰톱니바퀴	㉯톱니바퀴
톱니수	6	8
회전수	□	9

(회전수)×(톱니수)의 값이 서로 같으므로 □×6=9×8
따라서 □=12입니다.
㉯톱니바퀴가 9회전하는 동안 ㉰톱니바퀴는 12회전합니다.

다2.

1단계	예제 풀이를 복습합니다.
2단계	세 톱니바퀴의 회전수와 톱니수를 정리합니다.
3단계	(회전수)×(톱니수)의 값이 서로 같다는 말의 의미는?

	㉮톱니바퀴	㉯톱니바퀴	㉰톱니바퀴
톱니수	8	6	4
회전수	3	□	○

(회전수)×(톱니수)의 값이 서로 같으므로

1. ㉯톱니바퀴
$3×8=□×6$
따라서 □=4입니다.
㉮톱니바퀴가 3회전하는 동안 ㉯톱니바퀴는 4회전합니다.

2. ㉰톱니바퀴
$3×8=○×4$
따라서 ○=6입니다.
㉮톱니바퀴가 3회전하는 동안 ㉰톱니바퀴는 6회전합니다.

4단원 곱셈
·36쪽~37쪽

가1. 4cm **가2.** 20장

가1.

1단계	예제 풀이를 복습합니다.
2단계	(겹치는 부분의 개수)=(전체 종이 띠의 개수)입니다.
3단계	겹치는 부분의 길이를 □로 놓고 식을 세워 봅니다.

겹치는 한 부분의 길이를 □cm로 놓고 식을 세워 봅니다.
(목걸이 길이)=(전체 테이프의 길이)−(겹쳐진 부분의 길이)이므로
$30=10×5−□×5$
$→ 50−20=50−□×5 (30=50−20이므로)$
$→ 20=□×5$
따라서 □=4(cm)
겹치는 부분의 길이는 4cm입니다.

가2.

1단계	예제 풀이를 복습합니다.
2단계	(겹치는 부분의 개수)=(전체 종이 띠의 개수)입니다.
3단계	종이 띠의 개수를 □라고 놓고 식을 세워 봅니다.

종이 띠의 개수를 □장으로 놓고 식을 세워 봅니다.
(목걸이의 길이)=(전체 종이 띠의 길이)−(겹치는 부분의 길이)입니다.
$140=10×□−3×□ → 140=7×□$
따라서 □=20(장)
목걸이를 만드는 데 쓰인 종이 띠는 20장입니다.

5단원 길이와 시간
·40쪽~43쪽

가1. 나: 112cm, 동생: 84cm
가2. 다혜: 110m, 하늬: 100m, 시헌: 90m
나1. 오후 7시 3분 45초 **나2.** 저녁 8시 58분 50초

가1.

1단계	예제 풀이를 복습합니다.
2단계	똑같이 나누어 가진 다음, 차이를 만들려면 어떻게 해야 하는지 생각해 봅니다.
3단계	"동생과 28cm 차이 나려면, 내가 동생에게서 몇 cm를 가져와야 할까?"

우선 196cm 리본을 98cm씩 똑같이 나눕니다.
내가 동생보다 28cm를 더 가지기 위해서,
동생이 28cm의 절반인 14cm를 나에게 주면 됩니다.
나의 리본 길이: $98+14=112(cm)$
동생의 리본 길이: $98−14=84(cm)$

가2.

1단계	"3명이나 되어서 복잡하니까, 표를 그려서 값을 찾아가면 어떨까?"
2단계	우선 하늬가 다혜에게 5m 주어 10m의 차이부터 만든 다음, 시헌이와 차이를 만들어 갑니다.
3단계	시헌이의 길을 다혜와 하늬에게 1m씩 주며 규칙을 찾아봅니다.

시헌	하늬	다혜	풀이 과정
100m	100m	100m	100m씩 똑같이 나누어 갖습니다.
100m	95m	105m	하늬가 다혜에게 5m를 줍니다. 둘의 차이는 5m의 2배인 10m가 되었습니다.

시헌	하늬	다혜	풀이 과정
98m	96m	106m	시헌이가 다혜와 하늬에게 똑같이 1m씩 길을 주면 시헌이는 길이 2m 줄고, 하늬와 다혜는 1m 늘어납니다.
⋮	⋮	⋮	그러면 하늬와 다혜의 길의 차이 10m는 계속 똑같이 유지되면서, 시헌이와 하늬의 차이는 2m 차이나게 됩니다.
90m	100m	110m	이렇게 시헌이가 다혜와 하늬에게 길을 5m씩 주면, 시헌이는 10m가 줄어들고 하늬와 다혜는 똑같이 10m 늘어납니다. 결과적으로 3명이 10m씩 차이가 나게 됩니다.

다른 풀이

시헌이의 작업 길이를 □라고 놓으면 다음과 같습니다.

시헌이 작업 길이: □

하늬 작업 길이: □+10

다혜 작업 길이: □+20

전체 작업 길이가 300m이므로

□+□+10+□+20=300

→ □×3+30=300

→ □×3+30=270+30

→ □×3=270

□=90(m)

따라서 작업 길이는 다음과 같습니다.

시헌: 90m, 하늬: 100m, 다혜: 110m

나1. 　　　　　　　　　　　　　　단계별 힌트

1단계	예제 풀이를 복습합니다.
2단계	"오늘 오전 7시~내일 오후 7시까지 몇 시간이지?"
3단계	"하루(24시간)에 2분 30초 빨리 가면, 12시간에는 얼마나 빨리 갈까?"

오늘 오전 7시~내일 오후 7시는 36시간입니다.

하루(24시간)에 2분 30초 빨리 가므로, 12시간 동안은 2분 30초의 절반인 1분 15초만큼 빨리 갑니다.

따라서 36시간 동안 시계는 2분 30초+1분 15초=3분 45초 빨리 갑니다.

따라서 시계는 오후 7시 3분 45초를 가리킵니다.

나2. 　　　　　　　　　　　　　　단계별 힌트

1단계	빨리 가면 시간을 더하고, 느리게 가면 시간을 뺀다는 사실을 기업합니다.
2단계	"오늘 오전 7시~오늘 저녁 9시까지는 몇 시간이지?"
3단계	"하루(24시간)에 2분(120초) 느리게 가면, 14시간에는 얼마나 느리게 가는지 어떻게 계산할 수 있을까?"

오늘 오전 7시~오늘 저녁 9시는 14시간입니다.

하루(24시간)에 2분(120초) 느리게 갑니다.

14시간을 계산하기 위해 1시간 동안 얼마나 느리게 가는지 계산합니다. 120초를 24로 나누어 보면, 1시간 동안 120÷24=5(초) 느리게 갑니다.

1시간 동안 5초 느리므로, 14시간 동안 14×5=70(초) 느리게 갑니다.

저녁 9시보다 70초(1분 10초) 느리게 가므로, 9시－1분 10초=8시 58분 50초

시계는 저녁 8시 58분 50초를 가리킵니다.

6단원 분수와 소수　　　　　　　·46쪽~47쪽

가1. $\frac{3}{7}$　　　가2. $\frac{1}{8}$

가1. 　　　　　　　　　　　　　　단계별 힌트

1단계	예제 풀이를 복습합니다.
2단계	"긴 띠를 그리고, 몇 등분해야 할까?"
3단계	아빠와 엄마가 일한 양을 띠에 직접 표시해 봅니다.

아빠가 전체 일의 $\frac{3}{7}$을 했으므로, 긴 띠를 그리고 7등분합니다.

1. 아빠가 일한 양을 표시합니다.

아빠	아빠	아빠				

2. 나머지의 $\frac{1}{4}$에 엄마가 일한 양을 표시합니다.

아빠	아빠	아빠	엄마			

3. 남아 있는 일의 양은 전체의 $\frac{3}{7}$입니다.

가2. 　　　　　　　　　　　　　　단계별 힌트

1단계	예제 풀이를 복습합니다.
2단계	"긴 띠를 그리고, 몇 등분해야 할까?"
3단계	사용한 용돈을 차례대로 표시합니다.

가장 처음 쓴 용돈이 $\frac{3}{8}$ 이므로 긴 띠를 그리고 8등분합니다.

1. 긴 띠의 $\frac{3}{8}$ 에 책을 표시합니다.

책	책	책					

2. 나머지의 $\frac{3}{5}$ 에 과자를 표시합니다.

책	책	책	과자	과자	과자		

3. 나머지의 절반에 선물을 표시합니다.

책	책	책	과자	과자	과자	선물	

4. 남은 용돈은 전체의 $\frac{1}{8}$ 입니다.

심화종합

①세트

· 50쪽~53쪽

1. 3cm **2.** 12개 **3.** 257 **4.** 6그루 **5.** 72개
6. 10마리 **7.** 오후 8시 58분 45초 **8.** $\frac{5}{7}$

1
단계별 힌트

1단계	1단원의 '겹치는 종이 띠'를 복습하세요.
2단계	겹쳐진 부분의 개수와 테이프 개수와의 관계는?
3단계	겹쳐진 부분의 길이를 □라고 놓고 식을 세워 봅니다.

(색 테이프 전체의 길이)＝(테이프 3장의 길이)－(겹쳐진 2부분의 길이)입니다. 따라서 겹친 부분의 길이를 □라고 놓으면 다음의 식을 세울 수 있습니다.
$54＝20×3－□×2$
$→ 60－6＝60－□×2$
$→ 6＝□×2$이므로 $□＝3(cm)$

2
단계별 힌트

1단계	어떻게 해야 효율적으로 찾을 수 있을지 생각합니다.
2단계	사각형을 찾는 기준을 잡아 분류해 봅니다.
3단계	작은 직사각형의 수를 기준으로, 만들 수 있는 직사각형을 찾아봅니다.

직사각형 1개, 2개, 3개 … 로 이루어진 직사각형의 수를 각각 구해 봅니다.

㉠	㉡	
		㉢
㉣	㉤	

직사각형 1개짜리: ㉠, ㉡, ㉢, ㉣, ㉤으로 5개
직사각형 2개짜리: ㉠+㉡, ㉠+㉣, ㉡+㉤, ㉣+㉤으로 4개
직사각형 3개짜리: ㉡+㉢+㉤으로 1개
직사각형 4개짜리: ㉠+㉡+㉣+㉤으로 1개
직사각형 5개짜리: ㉠+㉡+㉢+㉣+㉤으로 1개
따라서 선을 따라 그릴 수 있는 직사각형은 모두
$5＋4＋1＋1＋1＝12$(개)입니다.

3
단계별 힌트

1단계	문제를 읽고 개요를 써서 정리해 봅니다.
2단계	개요는 다음과 같습니다. ㉠+㉡＝㉢, (세 자리 수 ㉠㉡㉢)＋(세 자리 수 ㉠㉢㉡)＝532
3단계	세로셈을 이용해 계산하면 쉽습니다.

모르는 수 중 구할 수 있는 것부터 구합니다. 이를 위해 세로셈으로 식을 써 봅니다.

	㉠	㉡	㉢
＋	㉠	㉢	㉡
	5	3	2

1. 일의 자리를 계산할 때, 일의 자리에서 받아올림이 없으면 ㉢+㉡＝2이고 받아올림이 있으면 ㉢+㉡＝12입니다. 그런데 십의 자리에서 ㉡+㉢의 십의 자리 숫자가 3이므로 ㉢+㉡은 2 이상이어야 합니다. 따라서 ㉢+㉡＝12입니다.

2. 백의 자리를 계산할 때, 십의 자리에서 받아올림이 있으면 1+㉠+㉠＝5고 받아올림이 없으면 ㉠+㉠＝5입니다. 그런데 ㉢+㉡＝12이므로 받아올림이 있습니다. 따라서 1+㉠+㉠＝5입니다. 따라서 ㉠＝2입니다.

3. ㉠㉡㉢의 백의 자리 숫자와 십의 자리 숫자의 합은 일의 자리 숫자와 같습니다. 따라서 ㉠+㉡＝㉢입니다. ㉠＝2이므로 2+㉡＝㉢입니다.

4. ㉢+㉡＝12이고 2+㉡＝㉢입니다. 합이 12이고 차이가 2인 두 수이므로 ㉢＝7, ㉡＝5 입니다.

따라서 세 자리 수 ㉠㉡㉢은 257입니다.

4 _____ 단계별 힌트

1단계	길이가 3인 선분을 3등분하고 점을 찍어 보며 규칙을 찾아봅니다.
2단계	40을 8등분하면 간격이 몇 개 나옵니까?
3단계	간격의 개수를 통해 가로수가 몇 그루 필요한지 생각합니다.

가로수와 가로수 사이의 간격은 서로 어떤 관계인지 생각해 봅니다.
가로수와 가로수 사이의 간격의 수는 40÷8=5(군데)입니다. 그런데 도로의 양 끝에 가로수를 심으므로 간격보다 1그루가 더 필요합니다. 따라서 (필요한 가로수의 수)=5+1=6(그루)

5 _____ 단계별 힌트

1단계	문제를 읽고 개요를 써서 정리해 봅니다.
2단계	(수박 1개)=(멜론 2개), (멜론 1개)=(복숭아 3개)
3단계	수박 1개의 무게는 복숭아 몇 개의 무게와 같은지 구해 봅니다.

1) (멜론 1개)=(복숭아 3개)이므로, (멜론 2개)=(복숭아 6개)입니다. 따라서 (멜론 6개)=(복숭아 18개)
2) 수박과 복숭아의 관계는 멜론의 무게를 이용해 구할 수 있습니다.
   (수박 1개)=(멜론 2개)=(복숭아 6개)이므로, (수박 9개)=(복숭아 54개)
3) (수박 9개)+(멜론 6개)=(복숭아 54개)+(복숭아 18개)=(복숭아 72개)
   수박 9개와 멜론 6개의 무게의 합은 복숭아 72개의 무게와 같습니다.

6 _____ 단계별 힌트

1단계	닭과 소와 돼지의 다리는 몇 개입니까?
2단계	농장에 있는 닭과 돼지의 다리는 모두 몇 개입니까?
3단계	닭이 돼지의 수의 2배면, 다리의 수는 어떻게 될까요?

구할 수 있는 동물의 다리의 수를 먼저 구합니다.
(소의 다리의 수)=4×7=28(개)
(닭과 돼지의 다리의 수)=108−28=80(개)
닭의 수가 돼지의 수의 2배이므로, 닭과 돼지의 다리의 수는 같습니다. 따라서 80÷2=40(개)이므로 돼지와 닭의 다리의

수는 각각 40개입니다.
(돼지의 수)=40÷4=10(마리)

7 _____ 단계별 힌트

1단계	하루에 30초 늦게 가면, 12시간에는 몇 초 늦게 갈까요?
2단계	월요일 오전 9시부터 수요일 오후 9시까지 흐른 시간을 구해 봅니다.

월요일 오전 9시부터 수요일 오후 9시까지의 시간을 구한 후, 느리게 간 시간을 계산합니다.
월요일 오전 9시부터 수요일 오후 9시까지 흐른 시간은 2일 12시간입니다.
다혜의 시계는 하루(24시간)에 30초씩 느리게 가므로 12시간 동안은 15초 느리게 갑니다.
따라서 다혜의 시계는 2일 12시간 동안 30×2+15=75(초) 느리게 갑니다.
이를 분으로 고치면 1분 15초입니다.
다혜의 시계가 가리키는 시각은 9시에서 1분 15초만큼 느린 8시 58분 45초입니다.

8 _____ 단계별 힌트

1단계	분모가 같은 것끼리 묶어 봅니다.
2단계	분모가 같은 분수가 몇 개씩 늘어나 있습니까?
3단계	20번째 분수의 분모를 구해 봅니다.

나열된 분수의 규칙을 찾아보기 위해 분모가 같은 것끼리 묶어 봅니다.
$(\frac{1}{2})$, $(\frac{1}{3}, \frac{2}{3})$ $(\frac{1}{4}, \frac{2}{4}, \frac{3}{4})$ $(\frac{1}{5}, \frac{2}{5}, \frac{3}{5}, \frac{4}{5})$ ······
첫 번째 묶음은 분모가 2인 경우,
두 번째 묶음은 분모가 3인 경우,
세 번째 묶음은 분모가 4인 경우,
네 번째 묶음은 분모가 5인 경우입니다.
묶음 안에서 분자는 1부터 분모보다 1 작은 수까지 있습니다.
이를 표로 정리하면 다음과 같습니다.

묶음별	분모	분수의 개수	분자
첫 번째	2	1	1
두 번째	3	2	1, 2
세 번째	4	3	1, 2, 3
네 번째	5	4	1, 2, 3, 4
다섯 번째	6	5	1, 2, 3, 4, 5
여섯 번째	7	6	1, 2, 3, 4, 5, 6

21번째 분수는 여섯 번째 묶음에 있는 분수이고 분모가 7입니다. 따라서 21번째 분수는 $\frac{6}{7}$ 이고, 20번째 분수는 21번째 분수의 분자보다 1 작은 $\frac{5}{7}$ 입니다.

다른 풀이
규칙에 맞게 21번째까지 직접 분수를 써서 구해 봅니다.

②세트

· 54쪽~57쪽

1. 전철	2. 25cm 6mm	3. 1	4. 6분
5. 24	6. 8명	7. 10개	8. 240

1

단계별 힌트

1단계	막대를 그려서 풀어 봅니다.
2단계	버스 막대의 $\frac{4}{6}$와 전철 막대의 $\frac{5}{6}$가 같게 그려 봅니다.

전철을 타고 간 거리와 버스를 타고 간 거리를 그림으로 나타내면 다음과 같습니다.

전철을 타고 간 거리의 $\frac{4}{6}$

버스를 타고 간 거리의 $\frac{5}{6}$

전체 막대기의 길이를 비교하면, 전철이 버스보다 짧습니다. 따라서 전철을 타고 간 거리가 버스를 타고 간 거리보다 더 짧습니다.

2

단계별 힌트

1단계	가장 짧은 철사를 가진 아이가 누구인가요?
2단계	주연이의 철사 길이를 □라고 놓고, □를 이용해 수영이와 예림이의 철사 길이를 표현하는 식을 세워 봅니다.

주연이가 가진 철사의 길이를 □라 하여 식을 만들어 봅니다.
주연이 철사의 길이를 □라 하면
수영이 철사의 길이는 □+6cm 4mm,
예림이 철사의 길이는 (□+6cm 4mm)+10cm 2mm입니다.

□+□+6cm 4mm+□+6cm 4mm+10cm 2mm
=50cm
→ □+□+□+23cm=27cm+23cm
→ □+□+□=27cm
9+9+9=27이므로 □=9(cm)입니다.
따라서 예림이가 가진 철사의 길이는
9cm+6cm 4mm+10cm 2mm=25cm 6mm

3

단계별 힌트

1단계	7을 반복해서 곱해 보며 일의 자리 수가 어떻게 변하는지 살펴봅니다.
2단계	7을 반복해서 곱해 보며, 일의 자리 수가 1이 나올 때를 찾아봅니다.
3단계	일의 자리 수가 1이 나올 때를 찾아보면 왜 좋을까요?

7을 반복해서 곱해 보며 일의 자리 수가 어떻게 변하는지, 그 규칙을 살펴봅니다.
7=7
7×7=49
7×7×7=343
7×7×7×7=2401
7×7×7×7×7=16807
일의 자리 수에 7, 9, 3, 1이 반복됩니다. 1×7=7이므로, 일의 자리 수에 1이 나온 다음부터는 계속 똑같은 규칙에 따라 반복해 나옵니다.
7을 40번 곱한 수를 괄호를 이용해 표현하면 다음과 같습니다.
(7×7×7×7)×(7×7×7×7)×(7×7×7×7)×(7×7×7×7)×(7×7×7×7)×(7×7×7×7)×(7×7×7×7)×(7×7×7×7)×(7×7×7×7)×(7×7×7×7)
이 수는 2401(7×7×7×7)을 10번 곱한 것과 같고, 일의 자리 수에는 숫자 1이 10번 곱해집니다. 따라서 7을 40번 곱한 수의 일의 자리 수는 1입니다.

다른 풀이
1×○=○이므로, 일의 자리 수에 1이 나오는 시점을 찾아봅니다. 7을 반복해서 곱할 때 일의 자리 수만 곱해서 규칙을 찾아봅니다.
7=7
7×7→9
(7×7)×7→9×7→3
(7×7×7)×7→3×7→1
(7×7×7×7)×7→1×7→7
일의 자리 수에 7, 9, 3, 1이 반복됩니다.
40÷4=10이므로 40번째 수에는 1이 등장합니다.

4

단계별 힌트

1단계	1분 동안 형이 동생을 따라잡는 거리는 몇 미터입니까?
2단계	형이 동생을 따라잡기 위한 거리는 몇 미터입니까?

1분에 동생은 150m, 형은 200m를 달리므로 형은 1분마다 동생을 $200-150=50$(m)씩 따라잡습니다. 따라서 300m 를 따라잡으려면 $300÷50=6$(분)이 걸립니다.

5

단계별 힌트

1단계	4와 6으로 동시에 나누어떨어지는 수는 무엇입니까?
2단계	ⓒ과 ⓒ을 동시에 만족하는 수는 무엇입니까?

40보다 작은 두 자리 수 중 4와 6으로 나누어떨어지는 수를 찾아봅니다.
4로 나누어떨어지는 수: 12, 16, 20, 24, 28, 32, 36
6으로 나누어떨어지는 수: 12, 18, 24, 30, 36
→ 4와 6으로 나누어떨어지는 수: 12, 24, 36
이 중 일의 자리의 숫자와 십의 자리 숫자가 짝수이며 십의 자리의 숫자와 일의 자리의 숫자의 곱이 8인 수는 24입니다.

6

단계별 힌트

1단계	시헌이의 친구 수를 □라고 놓고 초콜릿의 개수를 식으로 만들어 봅니다.
2단계	초콜릿 수를 식으로 만들면 각각 $4×□+8$과 $5×□$입니다.
3단계	$5×□=□+□+□+□+□$입니다.

시헌이의 친구의 수를 □명으로 놓고 식을 만들어 봅니다.
친구의 수를 □명이라고 하면
(초콜릿의 수)$=4×□+8$
(초콜릿의 수)$=5×□$
따라서 $4×□+8=5×□$입니다.
$4×□+8=4×□+□$
$□=8$
시헌이의 친구는 8명입니다.

7

단계별 힌트

1단계	정사각형의 개수를 기준으로 생각해 봅니다.
2단계	정사각형이 아닌 직사각형이 되려면 어떻게 그려야 할까요?
3단계	정사각형 2개, 3개, 4개, 5개, 6개로 만들 수 있는 직사각형을 각각 구해 봅니다.

정사각형이 아닌 직사각형의 모양을 생각하며 개수를 구해 봅니다.
작은 정사각형 2개짜리로 이루어진 직사각형: 7개
작은 정사각형 3개짜리로 이루어진 직사각형: 2개
작은 정사각형 4개짜리로 이루어진 직사각형: 0개
작은 정사각형 6개짜리로 이루어진 직사각형: 1개
따라서 정사각형이 아닌 직사각형은 모두
$7+2+0+1=10$(개)입니다.

8

단계별 힌트

1단계	각 원에 있는 네 수의 합을 먼저 구해 봅니다.
2단계	네 수의 합이 같아지기 위해서 식을 어떻게 세워야 하는지 생각해 봅니다.

위쪽 원을 식으로 나타내면 $200+180+130+$ⓐ이고,
정리하면 $510+$ⓐ입니다.
아래쪽 원을 식으로 나타내면 $180+90+$ⓐ$+$ⓒ이고,
정리하면 $270+$ⓐ$+$ⓒ입니다.
위쪽 원과 아래쪽 원의 합이 같으므로,
$510+$ⓐ$=270+$ⓐ$+$ⓒ
→ $270+$ⓐ$+240=270+$ⓐ$+$ⓒ
ⓒ$=240$입니다.

③세트

• 58쪽~61쪽

1. 134	2. 30개	3. 27대	4. 66cm
5. 12, 23, 34, 45, 56, 67, 78, 89			
6. 40	7. 170자루	8. 28칸	

1

단계별 힌트

1단계	432의 백의 자리와 일의 자리의 숫자를 바꾼 수를 써 봅니다.
2단계	어떤 수를 □라고 놓고 식을 세워 봅니다.
3단계	이 문제는 어떤 수를 구하는 문제가 아닙니다. 문제를 다시 읽고 무엇을 구해야 하는지 확인합니다.

432의 백의 자리와 일의 자리 숫자가 바뀐 수는 234입니다.
어떤 수를 □라 하여 식을 만들면 $□+234=800$입니다.
$□=800-234$이므로 $□=566$입니다.
따라서 바르게 계산하면 $566-432=134$입니다.

2

단계별 힌트

1단계	각의 개념을 복습합니다.
2단계	꼭짓점이 되는 점을 기준으로 놓고 생각해 봅니다.
3단계	꼭짓점이 되는 점을 기준으로 반직선을 그어 봅니다.

각 점을 꼭짓점으로 하는 각을 각각 구해 봅니다.
1) 점 ㄱ을 각의 꼭짓점으로 하는 각: 각 ㄴㄱㅁ, 각 ㄴㄱㄹ,
   각 ㄴㄱㄷ, 각 ㄷㄱㅁ, 각 ㄷㄱㄹ, 각 ㄹㄱㅁ
2) 점 ㄴ을 각의 꼭짓점으로 하는 각: 각 ㄱㄴㄷ, 각 ㄱㄴㄹ,
   각 ㄱㄴㅁ, 각 ㅁㄴㄷ, 각 ㅁㄴㄹ, 각 ㄹㄴㄷ
3) 점 ㄷ을 각의 꼭짓점으로 하는 각: 각 ㄴㄷㄹ, 각 ㄴㄷㅁ,
   각 ㄴㄷㄱ, 각 ㄱㄷㄹ, 각 ㄱㄷㅁ, 각 ㅁㄷㄹ
4) 점 ㄹ을 각의 꼭짓점으로 하는 각: 각 ㄷㄹㅁ, 각 ㄷㄹㄱ,
   각 ㄷㄹㄴ, 각 ㄴㄹㅁ, 각 ㄴㄹㄱ, 각 ㄱㄹㅁ
5) 점 ㅁ을 각의 꼭짓점으로 하는 각: 각 ㄱㅁㄹ, 각 ㄱㅁㄷ,
   각 ㄱㅁㄴ, 각 ㄴㅁㄹ, 각 ㄴㅁㄷ, 각 ㄷㅁㄹ
그릴 수 있는 각은 총 30개입니다.

3

단계별 힌트

1단계	1명이 3시간 동안 조립하는 TV는 몇 대입니까?
2단계	1명이 1시간 동안 조립하는 TV는 몇 대입니까?
3단계	1명이 9시간 동안 조립하는 TV는 몇 대입니까?

1명이 1시간 동안 조립할 수 있는 TV 수를 먼저 구해 봅니다.
(1명이 3시간 동안 조립할 수 있는 TV의 수)=$54 \div 6 = 9$(대)
(1명이 1시간 동안 조립할 수 있는 TV의 수)=$9 \div 3 = 3$(대)
(1명이 9시간 동안 조립할 수 있는 TV의 수)=$3 \times 9 = 27$(대)

4

단계별 힌트

1단계	색 테이프 5장을 겹치면 겹치는 부분은 몇 개 생깁니까?
2단계	색 테이프 전체의 길이를 구하는 식을 세워 봅니다.
3단계	이 문제는 색 테이프 둘레 길이를 구하는 문제입니다.

길이가 10cm인 색 테이프 5장을 이어 붙이면 겹치는 부분이
4개 생깁니다. 그러면 다음과 같은 식을 세울 수 있습니다.
(이어 붙인 색 테이프의 길이)
=$10 \times 5 - 5 \times 4 = 50 - 20 = 30$(cm)
(이어 붙인 색 테이프의 네 변의 길이의 합)
=$30 + 3 + 30 + 3 = 66$(cm)입니다.

5

단계별 힌트

1단계	문제를 읽고 개요를 써서 정리해 봅니다.
2단계	세로셈을 이용해 계산하면 쉽습니다.
3단계	9+ⓛ은 어떤 것과 같습니까?

세로셈으로 식을 써 봅니다.

```
    1 0 0 9
+   1 0 ㉠ ㉡
    2 0 ㉡ ㉠
```

$10+10=20$이므로 십의 자리에서 백의 자리로 받아올림이
없는 식입니다.
따라서 $9+㉠㉡=㉡㉠$입니다.
일의 자리의 수의 합에서
$9+㉡=10+㉠$
→ $9+㉡=9+1+㉠$
→ $㉡=1+㉠$
㉠이 0이 아니므로 구하는 수 ㉠㉡은 다음의 8개입니다.
→ 12, 23, 34, 45, 56, 67, 78, 89

6

단계별 힌트

1단계	분자와 분모가 각각 어떻게 변하는지 적어 봅니다.
2단계	10번째 분자는 어떤 수가 될지 적어 봅니다.
3단계	10번째 분모는 어떤 수가 될지 적어 봅니다.

분모와 분자의 규칙을 각각 알아봅니다.
분자는 1부터 2씩 커지는 규칙이고, 분모는 분자보다 2만큼
큰 수인 규칙입니다.
첫 번째 분수의 분자는 1, 두 번째 분수의 분자는 3, 세 번째
분수의 분자는 5, …이므로 10번째 분수의 분자는 19입니다.
분모는 분자보다 2 큰 수이므로 10번째 분수의 분모는
$19+2=21$입니다.
따라서 10번째 분수는 $\frac{19}{21}$ 입니다. $21+19=40$

다른 풀이
각 분수의 분모와 분자의 합을 나열하면 4, 8, 12,
16, 20, …입니다. 따라서 10번째 분수의 분모와 분
자의 합은 40입니다. 분모가 분자보다 2만큼 크므로,
10번째 분수는 $\frac{19}{21}$입니다. $21+19=40$

7

단계별 힌트

1단계	어떤 필기도구가 가장 수가 적습니까?
2단계	볼펜의 수를 □라고 놓고 식을 세워 봅니다.

볼펜의 수를 □라 놓고 식을 세웁니다.
연필의 수는 (□+30)이고,
사인펜의 수는 (□+30)+40=(□+70)입니다.
연필, 볼펜, 사인펜을 합치면 400자루이므로
□+(□+30)+(□+70)=400
→□+□+□+100=300+100
→□+□+□=300
100+100+100=300이므로 □=100입니다.
따라서 볼펜은 100자루, 사인펜은 170자루입니다.

8

1단계	똑같은 모양이 다시 나오는 때를 찾아봅니다.
2단계	몇 개마다 똑같은 모양이 다시 나옵니까?
3단계	4번마다 똑같은 모양이 나오므로, 15번째에 나오는 모양은 15를 4로 나누면 알 수 있습니다.

가 되풀이되는 규칙입니다.

15÷4=3…3이므로 가 3번 반복

되고 가 각 13번째, 14번째, 15번째에

나옵니다.
하나의 규칙마다 색칠된 칸의 수가 차례대로 1, 2, 1, 4가
반복됩니다. 그런데 1+2+1+4=8(칸)이 3번 나오고, 추
가로 1+2+1=4(칸)이 더 있으므로 색칠된 칸의 수는 8×
3+4=28(칸)입니다.

④세트

1. $\frac{1}{32}$ 2. 44개, 14개   3. 10점   4. 12개
5. 96cm 6. 350g 7. 5cm, 13cm 8. 1km

1

1단계	가장 작은 직사각형이 가장 큰 직사각형에 몇 개 들어가는지 세어 봅니다.
2단계	전체를 가장 작은 직사각형 크기로 잘라 봅니다.

주어진 도형에 가장 작은 도형을 직접 그려 봅니다. 가장 작
은 도형이 32개가 만들어지므로, 가장 작은 직사각형의 크기
는 가장 큰 직사각형의 $\frac{1}{32}$ 입니다.

2

1단계	가장 많이 넣기 위해서는 다른 통에 최소로 넣어야 합니다.
2단계	가장 적게 넣기 위해서는 다른 통에 최대로 넣어야 합니다.
3단계	3개의 통에 똑같은 개수만큼 넣고, 서로 차이가 나도록 다시 배열해 봅니다.

1. 가장 많이 넣는 경우
나머지 통들에 사탕을 가장 적게 집어넣고, 남은 사탕을 한
곳에 집어넣으면 됩니다. 따라서 44개를 넣을 수 있습니다.

1	2	3	44

2. 가장 적게 넣는 경우
먼저 50개를 통 4개에 똑같이 나누어 담아 봅니다. 12×
4=48이므로 12개씩 똑같이 담아 봅니다. 남은 사탕 2개는
일단 남겨 둡니다.

12	12	12	12

사탕을 1개씩 빼서 다른 통에 집어넣는 방법으로 통 속 사탕
의 개수를 서로 다르게 만듭니다.

10	11	13	14

남은 사탕 2개를 10개와 11개가 들어있는 통에 하나씩 집어
넣습니다.

10+1	11+1	13	14

가장 많은 사탕이 들어간 통에는 14개가 들어갑니다.

3

1단계	가위바위보를 10번 해서 6번 이겼으면 몇 번 졌습니까?
2단계	이긴 횟수만큼 3점을 얻고, 진 횟수만큼 2점을 잃습니다.

하늬는 가위바위보를 10번 해서 6번 이겼으므로,
10-6=4(번) 졌습니다.
따라서 하늬의 점수는 6×3-4×2=18-8=10(점)입니다.

4 ─────────────────────── 단계별 힌트

1단계	직접 직사각형을 그려 점을 찍어 봅니다.
2단계	한 변에 처음과 끝을 포함해 2cm 간격으로 점을 찍으면 점을 몇 개 찍을 수 있습니까?
3단계	직사각형의 경우 가로와 세로 변이 서로 만나므로, 말뚝이 중복됩니다.

직사각형의 가로와 세로에 박을 수 있는 말뚝의 개수를 각각 구해 봅니다.

1. 직사각형의 가로에 박은 말뚝의 수는 $16 \div 2 + 1 = 9$입니다. 흰색과 검은색을 번갈아 박으므로 절반씩 색이 나뉘는데, 처음과 끝에 흰색이 와야 하므로 흰색이 하나 더 많습니다. 따라서 직사각형의 가로에 박은 흰색 말뚝의 수는 5개입니다.

2. 직사각형의 세로에 박은 말뚝의 수는 $8 \div 2 + 1 = 5$입니다. 흰색과 검은색을 번갈아 박으므로 절반씩 색이 나뉘는데, 처음과 끝에 흰색이 와야 하므로 흰색이 하나 더 많습니다. 따라서 직사각형의 가로에 박은 흰색 말뚝의 수는 3개입니다.

3. 직사각형으로 확장하면 꼭짓점마다 하나씩 말뚝이 중복됩니다. 따라서 흰색 말뚝의 개수는 $(5 \times 2) + (3 \times 2) - 4 = 12$(개)입니다.

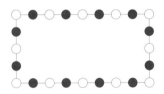

5 ─────────────────────── 단계별 힌트

1단계	도형의 변을 옮겨서 정사각형을 만들어 봅니다.
2단계	새롭게 만든 정사각형과 기존 도형의 둘레의 길이를 비교해 봅니다.
3단계	작은 정사각형의 한 변의 길이는 어떻게 구합니까?

$6 \times 4 = 24$이므로 작은 정사각형의 한 변의 길이는 6cm입니다. 도형의 변을 옮겨 큰 정사각형을 만들어 봅니다.

도형의 둘레의 길이는 한 변의 길이가 $6 \times 4 = 24$(cm)인 정사각형의 네 변의 길이의 합과 같으므로 이 도형의 둘레의 길이는 $24 + 24 + 24 + 24 = 96$(cm)입니다.

6 ─────────────────────── 단계별 힌트

1단계	(접시 3장, 컵 2개)와 (접시 1장, 컵 2개)에서 공통되는 것은 무엇입니까?
2단계	접시 3장을 (접시 2장)+(접시 1장)으로 나누어 봅니다.

주어진 문장들을 식으로 나타내 봅니다.
(접시 3장)+(컵 2개)=1570 , (접시 1장)+(컵 2개)=870
그런데 접시 3장은 (접시 1장)+(접시 2장)이므로
(접시 3장)+(컵 2개)=1570
→ (접시 2장)+(접시 1장)+(컵 2개)=1570
→ (접시 2장)+870=700+870
→ (접시 2장)=700(g)
접시 1장의 무게는 700g의 절반인 350g입니다.

7 ─────────────────────── 단계별 힌트

1단계	정사각형 한 변의 길이는 어떻게 구합니까?
2단계	(직사각형 가로)=(정사각형 한 변의 길이)−5입니다.
3단계	(직사각형 세로)=(정사각형 한 변의 길이)+3입니다.

정사각형의 네 변의 길이의 합이 40cm이므로 정사각형 한 변의 길이는 10cm입니다.
처음 직사각형의 가로를 5cm만큼 늘려서 10cm가 되었으므로 처음 직사각형의 가로의 길이는 5cm입니다.
처음 직사각형의 세로의 길이를 3cm 줄여서 10cm가 되었으므로 처음 직사각형의 세로의 길이는 13cm입니다.

8 ─────────────────────── 단계별 힌트

1단계	버스를 타고 간 거리를 분수로 표현해 봅니다.
2단계	(버스를 타고 간 거리)−(걸어서 간 거리)는 전체의 얼마인지 분수로 표현해 봅니다.
3단계	그림을 그려서 생각해 봅니다.

걸어서 간 거리가 전체의 $\frac{1}{4}$이므로 버스를 타고 간 거리는 전체의 $\frac{3}{4}$입니다. 즉 버스를 타고 간 거리는 걸어서 간 거리보다 $\frac{2}{4}$만큼 더 깁니다. 그런데 버스를 타고 간 거리는 걸어서 가는 거리보다 500m 더 길다고 했습니다. 이를 그림으로 내면 다음과 같습니다.

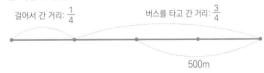

집에서 학교까지의 거리는 $500 \times 2 = 1000$(m)$= 1$(km)입니다.

⑤세트

· 66쪽~69쪽

1. 78명	**2.** $\frac{1}{8}$	**3.** 49개	**4.** 6개
5. 6cm	**6.** 147, 246, 345, 543, 642, 741		
7. 88cm	**8.** 81개		

1

단계별 힌트

1단계	영화관을 좋아하는 학생의 수는, 영화관만 좋아하는 학생과 영화관과 놀이공원을 동시에 좋아하는 학생을 합친 것입니다.
2단계	영화관만 좋아하는 학생과 놀이공원만 좋아하는 학생은 각각 몇 명입니까?
3단계	영화관 또는 놀이공원을 좋아하는 학생 수를 구합니다.

영화관만 좋아하는 학생, 그리고 놀이공원만 좋아하는 학생 수를 각각 구해 봅니다.

1. 영화관만 좋아하는 학생 수를 구하려면, 영화관을 좋아하는 학생 수에서 둘 다 좋아하는 학생 수를 빼면 됩니다. 따라서 $130-108=22$(명)입니다.

2. 놀이공원만 좋아하는 학생 수를 구하려면, 놀이공원을 좋아하는 학생 수에서 둘 다 좋아하는 학생 수를 빼면 됩니다. 따라서 $345-108=237$(명)입니다.

3. 따라서 영화관 또는 놀이공원을 좋아하는 학생 수는 (영화관만 좋아하는 학생 수)+(놀이공원만 좋아하는 학생 수)+(둘 다 좋아하는 학생 수)입니다. 따라서 $22+237+108=367$(명)입니다.

4. 영화관과 놀이공원을 둘 다 좋아하지 않는 학생 수는 (전체 학생 수)−(영화관 또는 놀이공원을 좋아하는 학생 수)입니다. 따라서 $445-367=78$(명)입니다.

2

단계별 힌트

1단계	그림을 그려서 직접 칠해 봅니다.

그림을 그려 초록색을 칠한 부분은 도화지 전체의 얼마인지 알아봅니다.

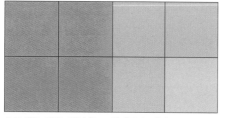

초록색을 칠한 부분은 도화지를 똑같이 8로 나눈 것 중의 1

이므로, 도화지 전체의 $\frac{1}{8}$ 입니다.

3

단계별 힌트

1단계	나오는 공의 수는 넣은 공의 수에 따라 달라집니다.
2단계	나오는 공의 수를, 넣은 공의 수를 사용하여 곱셈과 덧셈을 이용한 식으로 적어 봅니다.
3단계	9는 2를 거듭 더한 수와 어떤 관련이 있습니까?

공 2개→9개: $2+2+2+2+1=2×4+1=9$
공 4개→17개: $4+4+4+4+1=4×4+1=16$
공 9개→37개: $9+9+9+9+1=9×4+1=37$
넣은 공의 수의 4배보다 1개 더 많은 공이 나오는 규칙입니다. 따라서 상자에 12개의 공을 넣으면 $12×4+1=49$(개)가 나옵니다.

4

단계별 힌트

1단계	크기가 서로 다른 정사각형을 찾아봅니다.
2단계	크기가 서로 다른 정사각형의 종류는 3개입니다. (2개가 아닙니다. 나머지 하나를 어떻게 찾을까요?)
3단계	각각 몇 개인지 세어 봅니다.

크기가 서로 다른 정사각형을 만들어 봅니다.

가장 작은 정사각형: 4개

중간 크기 정사각형: 1개	가장 큰 정사각형: 1개

따라서 만들 수 있는 삼각형은 $4+1+1=6$(개)입니다.

5

단계별 힌트

1단계	리본을 빼고 상자 묶는 데 사용한 길이는 얼마입니까?
2단계	끈이 상자를 감싼 모양을 생각해 봅니다.
3단계	끈은 상자의 옆면을 1번 지나갑니다. 상자의 위와 아래에는 끈이 어떻게 지나갑니까?

리본을 묶는 데 사용한 끈을 제외한 끈의 길이를 구해 봅니다.

리본을 묶는 데 사용한 끈은 12cm이므로, 나머지 끈의 길이는 전체 길이인 60cm에서 12cm를 뺀 48cm입니다.
끈이 상자의 옆면은 1번씩 지나가고, 상자의 위와 아래에는 2번씩 지나갑니다. 즉 48cm의 끈을 이용하여 상자의 면을 8번 지나갔습니다. 그런데 상자의 모든 면의 길이는 같습니다. 따라서 정사각형 모양 면의 한 변의 길이는 48cm를 8로 나누면 됩니다.
즉 (정사각형 모양 면의 한 변의 길이)$=48÷8=6$(cm)

6

단계별 힌트

1단계	세로셈을 이용해 계산하면 쉽습니다.
2단계	백의 자리, 일의 자리 계산에서 ㉠+㉢=?
3단계	십의 자리 계산에서 ㉡+㉡=?

식을 세로로 써서 자리 수를 따로 봅니다.

```
      ㉠   ㉡   ㉢
  +   ㉢   ㉡   ㉠
      8    8    8
```

1. 일의 자리와 백의 자리를 봅니다. ㉠+㉢=㉢+㉠입니다. 그런데 백의 자리에서 받아올림이 없습니다. 즉 천의 자리가 만들어지지 않았습니다.
따라서 일의 자리에서도 받아올림이 없는 것을 알 수 있습니다. 따라서 ㉠+㉢=㉢+㉠=8입니다.
2. 십의 자리를 보면, 일의 자리에서 받아올림이 없으므로 ㉡+㉡=8입니다. 따라서 ㉡=4입니다.
(3) (1)과 (2)를 만족시키는 세 자리 수 ㉠㉡㉢을 적어 보면 147, 246, 345, 543, 444, 642, 741입니다. 그런데 ㉠, ㉡, ㉢은 0이 아닌 서로 다른 수이므로 444는 문제의 답이 아닙니다. 따라서 문제의 답은 147, 246, 345, 543, 642, 741로 모두 6개입니다.

7

단계별 힌트

1단계	반으로 접으면 길이는 어떻게 됩니까?
2단계	어떤 길이를 먼저 구해야 합니까?
3단계	㉡의 변의 길이는 ㉠의 변의 길이로 구할 수 있고, ㉢의 변의 길이는 ㉡의 변의 길이로 구할 수 있습니다.

가장 큰 종이의 가로와 세로 길이가 있으므로, 종이의 크기가 큰 순서대로 각 종이의 변의 길이를 구해 봅니다.
㉠의 가로 길이는 48cm입니다.
㉠의 세로 길이는 $80÷2=40$(cm)입니다.
㉡의 가로 길이는 ㉠의 가로 길이의 절반입니다. 따라서 ㉡의 가로 길이는 $48÷2=24$(cm)입니다.

㉡의 세로 길이는 ㉠의 세로 길이와 같으므로 40cm입니다.
㉢의 가로 길이는 ㉡의 가로 길이와 같으므로 24cm입니다.
㉢의 세로 길이는 ㉡의 세로 길이의 절반입니다. 따라서 $40÷2=20$(cm)입니다.
따라서 ㉢의 네 변의 길이의 합은
$24+20+24+20=88$(cm)입니다.

8

단계별 힌트

1단계	입구에 구슬을 1개, 2개, 3개, …씩 넣어 가며 규칙을 찾아봅니다.
2단계	입구에 넣을 수 있는 구슬의 개수는 정해져 있습니다. 어떤 규칙이 있습니까?
3단계	갈림길이 3번 있을 때, 입구에 넣을 수 있는 구슬의 개수는 어떻게 됩니까?

구슬을 입구에 넣으면 왼쪽보다 오른쪽으로 2배 많은 구슬이 가야 하므로, 입구에 넣을 수 있는 구슬은 3으로 나누어떨어지는 수인 3, 6, 9, 12, … 등의 개수로만 넣을 수 있습니다. 그런데 구슬이 출구까지 3번 갈라집니다. 따라서 3으로 3번 이상 나누어떨어지는 수로만 구슬을 넣을 수 있습니다. 따라서 3으로 3번 이상 나누어떨어지는 27, 54, 81, … 등의 개수를 넣어 보며 생각해 봅니다.
27을 넣었을 때의 결과는 다음과 같습니다.

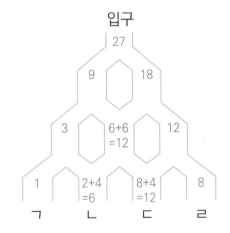

ㄱ에서 1개, ㄴ에서 6개, ㄷ에서 12개, ㄹ에서 8개가 나오고, ㄷ으로 나오는 구슬이 ㄴ으로 나오는 구슬보다 6개가 많습니다. 54를 넣었을 때의 결과는 다음과 같습니다.
ㄱ에서 2개, ㄴ에서 12개, ㄷ에서 24개, ㄹ에서 16개가 나왔고, 27개를 넣었을 때보다 2배씩의 구슬이 나왔습니다.

입구

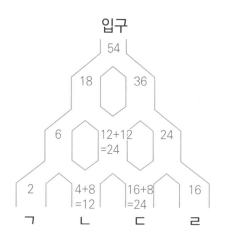

따라서 18개가 많아지려면 입구에 27개의 3배인 81개의 구슬을 넣으면 됩니다. 그 결과는 다음과 같습니다.

입구

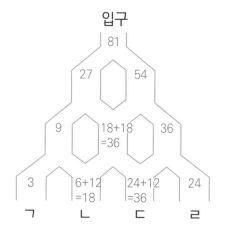

실력 진단 테스트
•72쪽~79쪽

1. 578개 **2.** 89 **3.** □=5, ○=3, △=7

4. 1) 희진 2) 직사각형은 네 각이 모두 직각이어야 합니다. 3) 정사각형은 네 변의 길이가 반드시 같아야 하지만, 직사각형은 마주 보는 변의 길이만 서로 같으면 됩니다.

5. 3 **6.** 446권 **7.** 7

8. 7 **9.** 2km 940m

10. 규동이가 390m를 더 달립니다.

11. 인수가 30초 더 오래 있었습니다.

12. 오전 10시 36분 **13.** 8 **14.** ⑤

15. ㉠=2, ㉡=8, ㉢=4, ㉣=1, ㉤=0, ㉥=5, ㉦=3

1 하
단계별 힌트

1단계	경수가 딴 귤의 수는?
2단계	영수와 경수가 딴 귤의 합을 구해 봅니다.

영수가 딴 귤의 수는 224개입니다.
경수는 영수보다 130개를 더 땄으므로, 경수가 딴 귤의 개수는 224+130=354(개)입니다.
두 사람이 딴 귤의 수를 합하면 224+354=578(개)입니다.

2 하
단계별 힌트

1단계	곱셈은 거듭 더하기입니다.
2단계	□를 △번 더한 값은 □×△으로 나타낼 수 있습니다.

㉠을 식으로 나타내면 100×7+10×14+1×90이고, 이를 계산하면 849입니다.
㉡을 식으로 나타내면 100×9+10×2+1×180이고, 이를 계산하면 938입니다.
두 수의 차를 계산하기 위해 ㉡에서 ㉠을 빼면 938－849=89입니다.

3 중
단계별 힌트

1단계	일의 자리, 십의 자리, 백의 자리 순으로 생각해 봅니다.
2단계	각 자리를 계산할 때, 받아내림이 있는지 없는지를 생각해 봅니다.

일의 자리를 보면, 4에서 어떤 수를 빼서 9가 될 수 없습니다. 따라서 받아내림이 있음을 알 수 있습니다. 받아내림은 위의 자리에서 10을 빌려 오는 것이므로, 일의 자리 계산을 식으로 나타내면 14−□=9입니다. 따라서 □=5입니다.

십의 자리를 보면, 어떤 수에서 9를 뺐는데 3이 나오려면 빼는 수가 12 이상이어야 합니다. 따라서 받아내림이 있음을 알 수 있습니다. 십의 자리 계산을 식으로 나타내면 10+○−1−9=3입니다. 따라서 ○=3입니다.

백의 자리를 보면, 3에서 5를 뺄 수 없으므로 받아내림이 있음을 알 수 있습니다. 백의 자리 계산을 식으로 나타내면 10+3−1−5=△입니다. 따라서 △=7입니다.

4 하 _____ 단계별 힌트

1단계	직사각형과 정사각형의 개념을 복습합니다.

1) 희진

정사각형은 네 각의 크기가 직각이므로 직사각형이 맞습니다. 주희의 말이 바르지 않은 이유는 2)의 해답을 참고합니다. 영은의 말이 바르지 않은 이유는 네 변의 길이가 같은 사각형 중 모든 각이 직각인 사각형만 정사각형이라고 부르기 때문입니다.

2) 직사각형은 네 각이 모두 직각인 사각형을 말합니다. 예를 들어, 다음 도형은 한 각이 직각이지만 직사각형이 아닙니다.

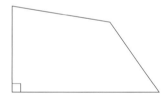

3) 정사각형은 네 변의 길이가 반드시 같아야 하지만, 직사각형은 마주 보는 변의 길이만 서로 같으면 됩니다.

5 하 _____ 단계별 힌트

1단계	몫이 가장 작으려면, 되도록 작은 수를 되도록 큰 수로 나누어야 합니다.
2단계	가장 작은 두 자리 수와 가장 큰 한 자리 수를 만들려면 어떻게 해야 합니까?

몫이 가장 작으려면 나누는 수가 커야 합니다. 나누는 수는 한 자리 수이므로, 나누는 수는 1, 2, 4 중 가장 큰 4로 해야 합니다. 그리고 남은 카드로 가장 작은 두 자리 수를 만들면 12입니다. 따라서 몫은 12÷4=3입니다.

6 중 _____ 단계별 힌트

1단계	책꽂이 1개에 4칸이 있다면, 책꽂이 15개에는 몇 칸이 있습니까?
2단계	꽂히지 않은 칸수가 4칸이면, 꽂힌 칸수는 어떻게 구할 수 있으며 몇 칸입니까?
3단계	한 칸에는 6권, 나머지 칸에는 8권이 있습니다.

4칸으로 된 책꽂이가 15개 있으므로 전체 칸수는 15×4=60(칸)입니다. 이 중 책이 꽂히지 않은 칸이 4칸이므로 책을 꽂아 둔 칸은 56칸입니다.

이 중 한 칸에는 8권이 아닌 6권만 꽂혀 있습니다. 나머지 55칸에는 8권의 책이 꽂혀 있습니다.

따라서 도서관에 있는 책의 수는

55×8+1×6=440+6=446(권)입니다.

7 하 _____ 단계별 힌트

1단계	71×□=500을 나눗셈으로 바꿔 봅니다.
2단계	500÷71의 몫은 얼마입니까?
3단계	500÷71의 몫 근처의 수를 71에 곱하면 500과 가까운 수가 나옵니다.

500을 71로 나누면 몫이 7이고 나머지가 3입니다. 따라서 71×□에서 500에 가장 가까운 수를 찾기 위해 □에 7과 8을 넣어 봅니다.

1. 8을 넣으면 계산 결과는 다음과 같습니다.

$$\begin{array}{r} 71 \\ \times\ \ 8 \\ \hline 568 \end{array}$$

→ 568은 500과 68만큼 차이가 납니다.

2. 7을 넣으면 계산 결과는 다음과 같습니다.

$$\begin{array}{r} 71 \\ \times\ \ 7 \\ \hline 497 \end{array}$$

→ 497은 500과 3만큼 차이가 납니다.

따라서 500과 가장 가까운 곱셈은 71×7입니다.

8 하 _____ 단계별 힌트

1단계	여러 수를 3번 곱하면서 만족하는 수를 찾아봅니다.
2단계	10을 세 번 곱한 값은 얼마입니까?

300보다 크고 400보다 작은 수는 세 자리 수입니다. 세 번

곱해 세 자리 수가 되는 어떤 수는 한 자리 수여야 합니다. 왜
냐하면 10을 세 번 곱하면 1000이 되므로 세 번 곱해 세 자리
수가 되려면 10보다 작은 수여야 합니다. 따라서 10보다 작은
수를 세 번 곱해 보고, 그 결과를 보고 답을 구해 봅니다.

$3 \times 3 \times 3 = 9 \times 3 = 27$

$4 \times 4 \times 4 = 16 \times 4 = 64$

$5 \times 5 \times 5 = 25 \times 5 = 125$

$6 \times 6 \times 6 = 36 \times 6 = 216$

$7 \times 7 \times 7 = 49 \times 7 = 343$

$8 \times 8 \times 8 = 64 \times 8 = 512$

300보다 크고 400보다 작은 것은 $7 \times 7 \times 7$입니다.

9 하 ──────────────── 단계별 힌트

| 1단계 | 색칠된 부분의 둘레와 같은 도형을 찾아봅니다. |
| 2단계 | 이 도형은 모든 변이 모두 직각으로 만납니다. |

모든 변이 직각으로 만나는 도형이므로 도형의 변을 옮겨 직사
각형을 만들어 봅니다. 색칠한 부분의 둘레의 길이는 가로가
850, 세로가 62m인 직사각형의 둘레의 길이와 같습니다.

$(850 + 850) + (620 + 620) = 1700 + 1240 = 2940$(m)

10 중 ──────────────── 단계별 힌트

1단계	규동이와 소은이가 1분에 달릴 수 있는 거리는 어떻게 계산합니까?
2단계	규동이가 2분에 550m를 달릴 수 있다면, 1분 동안에는 그 절반만큼 달릴 수 있습니다. 이를 식으로 써 봅니다.
3단계	규동이와 소은이가 6분에 달릴 수 있는 거리는 어떻게 계산합니까?

규동이와 소은이가 각각 1분 동안 달릴 수 있는 거리를 구해
봅니다.

규동이가 1분에 달릴 수 있는 거리는 2분 동안 갈 수 있는 거
리의 절반이므로 $550 \div 2 = 275$(m)입니다.

규동이가 6분에 달릴 수 있는 거리는 1분 동안 갈 수 있는 거
리의 6배이므로 $275 \times 6 = 1650$(m)입니다.

소은이가 1분에 달릴 수 있는 거리는 3분 동안 갈 수 있는 거
리의 $\frac{1}{3}$이므로 $630 \div 3 = 210$(m)입니다.

소은이가 6분에 달릴 수 있는 거

리의 6배이므로 $210 \times 6 = 1260$(m)입니다.

따라서 똑같이 6분씩 달렸을 때 규동이가 소은이보다 더 달
리는 거리는 $1650 - 1260 = 390$(m)입니다.

11 하 ──────────────── 단계별 힌트

| 1단계 | 1분은 몇 초입니까? |
| 2단계 | 시간의 단위를 통일해서 비교해 봅니다. |

인수가 물속에 있었던 시간을 초로 바꿔 봅니다.

3분 5초 $= (60 \times 3)$초 $+ 5$초 $= 180$초 $+ 5$초 $= 185$초

현정이는 155초 동안 물속에 있었으므로,

인수가 $185 - 155 = 30$(초) 더 오랫동안 있었습니다.

12 중 ──────────────── 단계별 힌트

| 1단계 | 6월 1일 정오~6월 8일 정오까지 시간이 얼마나 흘렀는지 계산해 봅니다. |
| 2단계 | 느리게 가는 시계는 기존 시간에서 시간을 더해야 하는지 빼야 하는지 생각해 봅니다. |

6월 1일 정오부터 6월 8일 정오까지는 총 7일이 흘렀습니다.

시계는 하루에 12분씩 늦어지므로, 시계는 $12 \times 7 = 84$(분)이
늦어집니다. 따라서 시계는 정오(12시)에서 84분 느리게 갑
니다. 84분은 1시간 24분입니다.

따라서 시계는 12시에서 1시간 24분을 뺀 오전 10시 36분
을 가리킵니다.

13 중 ──────────────── 단계별 힌트

| 1단계 | 색종이를 2번 접으면 몇 부분으로 나뉘고, 그 상태에서 1번 더 접으면 몇 부분으로 나뉘는지 생각해 봅니다. |
| 2단계 | 잘 모를 때는 실제로 색종이를 접어서 결과를 확인해 봅니다. |

1번 접으면 2부분으로 나뉘고, 2번 접으면 4부분으로 나뉩
니다. 그 상태에서 한 번 더 접으면, 4부분이 동일하게 두 부
분으로 나뉘기 때문에 색종이는 8부분으로 나뉩니다.

만약 이해가 되지 않으면 색종이를 실제로 접어 봅니다.

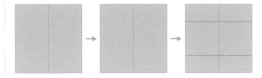

14 하

단계별 힌트

1단계	도형은 몇 부분으로 나뉘어 있는지 확인합니다.
2단계	색칠한 조각이 몇 개인지 확인하고, 전체 나뉜 도형과 비교해 봅니다.
3단계	1단계에서 구한 수와 2단계에서 구한 수는 각각 분모와 분자입니다.

①부터 ④까지는 모두 4부분 중 2군데에 색칠이 되어 있으므로 모두 $\frac{2}{4}$를 나타냅니다. ⑤의 경우 4부분 중 1군데에만 색칠이 되어 있기에 $\frac{1}{4}$을 나타냅니다.

15 상

단계별 힌트

1단계	세 자리 수와 세 자리 수를 더했는데 네 자리 수가 되었습니다. 그렇다면 ㉣은 받아올림이 된 수입니다. 얼마입니까?
2단계	0~9까지 서로 다른 수가 들어가야 합니다. ㉢에 들어갈 수 있는 수는 0, 2, 3, 4, 5 중 하나입니다.
3단계	㉢에 0,2,3,4,5를 하나씩 넣어 보면서 문제의 조건에 맞는 답을 찾아봅니다.

1) ㉣은 받아올림된 수이므로 ㉣=1입니다.
   (사용할 수 있는 수: 0, 2, 3, 4, 5, 8)

2) 일의 자리인 ㉢에 0, 2, 3, 4, 5, 8을 넣어 보며 생각해 봅니다.
   - ㉢=0이면 ㉐=9 → 9는 이미 사용된 숫자이므로 X
   - ㉢=2이면 ㉐=1 → 1은 이미 사용된 숫자이므로 X
   - ㉢=8이면 ㉐=7 → 7은 이미 사용된 숫자이므로 X
   그러므로 ㉢은 3, 4, 5만 가능합니다.

3) ㉢=3인 경우
   ㉐=2이고, 식은 다음과 같습니다.

	㉠	㉡	9
+	7	6	3
1	㉤	㉥	2

   ㉡=0이면 ㉥=7 → 7은 이미 사용된 숫자이므로 X
   ㉡=4이면 ㉥=1 → 1은 이미 사용된 숫자이므로 X
   ㉡=5이면 ㉥=2 → 2는 이미 사용된 숫자이므로 X
   ㉡=8이면 ㉥=5 이때 ㉠=4이면 ㉤=2가 되어 안 되고,
   ㉠=0이면 백의 자리가 0이 되어 안 됩니다.
   따라서 ㉢=3이 아닙니다.

4) ㉢=5인 경우
   ㉐=4이고 식은 다음과 같습니다.

	㉠	㉡	9
+	7	6	5
1	㉤	㉥	4

   ㉡=0이면 ㉥=7 → 7은 이미 사용된 숫자이므로 X
   ㉡=2이면 ㉥=9 → 9는 이미 사용된 숫자이므로 X
   ㉡=8이면 ㉥=5 → 5는 이미 사용된 숫자이므로 X
   ㉡=3이면 ㉥=0 → ㉠=2이면 ㉤=0이 되어 안 되고,
   ㉠=8이면 ㉥=6이 되어 안 됩니다.

5) ㉢=4인 경우
   ㉐=3이고 식은 다음과 같습니다.

	㉠	㉡	9
+	7	6	4
1	㉤	㉥	3

   ㉡=0이면 ㉥=7 → 7은 이미 사용된 숫자이므로 X
   ㉡=2이면 ㉥=9 → 9는 이미 사용된 숫자이므로 X
   ㉡=5이면 ㉥=2 → ㉠=8이면 ㉤=6이 되어 안 되고,
   ㉠=0이면 백이 자리가 0이 되어 안 됩니다.
   ㉡=8이면 ㉥=5 → ㉠에 0을 쓰면 백의 자리가 0이 되기 때문에 쓸 수 없습니다. 한편 ㉠=2이면 ㉤=0입니다.
   따라서 ㉠=2, ㉡=8, ㉢=4, ㉣=1, ㉤=0, ㉥=5, ㉐=3입니다.

실력 진단 결과

채점을 한 후, 다음과 같이 점수를 계산합니다.
(내 점수)=(맞은 개수)×6+10(점)

내 점수: _____ 점

점수별 등급표
90점~100점: 1등급(~4%)
80점~90점: 2등급(4~11%)
70점~80점: 3등급(11~23%)
60점~70점: 4등급(23~40%)
50점~60점: 5등급(40~60%)

※해당 등급은 절대적이지 않으며 지역, 학교 시험 난도, 기타 환경 요소에 따라 편차가 존재할 수 있으므로 신중하게 활용하시기 바랍니다.